"十二五"国家重点图书出版规划项目

材料科学研究与工程技术/预拌混凝土系列

《预拌混凝土系列》总主编 张巨松

泡沫混凝土

FOAM CONCRETE

张巨松 王才智 黄灵玺 王保权 主编

哈尔滨工业大学出版社
HARBIN INSTITUTE OF TECHNOLOGY PRESS

内 容 提 要

本书包括6章和附录两大部分，系统介绍了泡沫混凝土原材料、泡沫混凝土技术原理、泡沫混凝土生产工艺、泡沫混凝土结构与性能、泡沫混凝土制品的应用及现浇泡沫混凝土的应用，为方便读者附录2列举了泡沫混凝土领域常用技术标准（规范）。

本书既可以作为专业领域的培训教材，也可作为行业工程技术人员的参考书。

图书在版编目（CIP）数据

泡沫混凝土/张巨松等主编. —哈尔滨:哈尔滨工业
大学出版社,2016.1
ISBN 978－7－5603－5146－9

Ⅰ.①泡… Ⅱ.①张… Ⅲ.①泡沫混凝土–高等学校–
教材 Ⅳ.①TU528.2

中国版本图书馆 CIP 数据核字（2014）第 311751 号

材料科学与工程
图书工作室

责任编辑 范业婷 张 瑞 杨明蕾
封面设计 卞秉利
出版发行 哈尔滨工业大学出版社
社   址 哈尔滨市南岗区复华四道街 10 号   邮编 150006
传   真 0451－86414749
网   址 http://hitpress.hit.edu.cn
印   刷 哈尔滨市石桥印务有限公司
开   本 660mm×980mm 1/16 印张 14.5 字数 249 千字
版   次 2016 年 1 月第 1 版   2016 年 1 月第 1 次印刷
书   号 ISBN 978－7－5603－5146－9
定   价 48.00 元

丛 书 序

混凝土从近代水泥的第一个专利(1824)算起,发展到今天近两个世纪了,关于混凝土的历史发展大师们有着相近的看法,吴中伟院士在其所著的《膨胀混凝土》一书中总结到,水泥混凝土科学历史上曾有过3次大突破:

(1)19世纪中叶至20世纪初,钢筋和预应力钢筋混凝土的诞生;

(2)膨胀和自应力水泥混凝土的诞生;

(3)外加剂的广泛应用。

黄大能教授在其著作中提出,水泥混凝土科学历史上曾有过3次大突破:

(1)19世纪中叶法国首先出现的钢筋混凝土;

(2)1928年法国E. Freyssinet提出了混凝土收缩徐变理论,采用了高强钢丝,发明了预应力锚具,成为预应力混凝土的鼻祖、奠基人;

(3)20世纪60年代以来层出不穷的外加剂新技术。

材料科学在水泥混凝土科学的表现可以理解为:

①金属、无机非金属、高分子材料的分别出现;

②19世纪中叶至20世纪初无机非金属和金属的复合;

③20世纪中叶金属、无机非金属、高分子的复合。

可见人造三大材料金属、无机非金属和高分子材料在水泥基材料在20世纪60年代完美复合。

1907年德国人最先取得混凝土输送泵的专利权;1927年德国的Fritz Hell设计制造了第一台得到成功应用的混凝土输送泵;荷兰人J. C. Kooyman在前人的基础上进行改进,1932年他成功地设计并制造出采用卧式缸的Kooyman混凝土输送泵,到20世纪50年代中叶,德国的Torkret公司首先设计出用水作为工作介质的混凝土输送泵,标志着混凝土输送泵的发展进入了一个新的阶段;1959年德国的Schwing公司生产出第一台全液压的混凝土输送泵,混凝土泵的不断发展,也促进泵送混凝土的快速发展。

1935年美国的E. W. Scripture首先研制成功了木质素磺酸盐为主要成分的减水剂(商品名Pozzolith),1937年获得专利,标志着普通减水剂的诞生;1954年制定了第一批混凝土外加剂检验标准。1962年日本花王石碱公司服部健一等人研制成功 β-萘磺酸甲醛缩合物钠盐(商品名"麦蒂"),即萘系高效减水剂,1964 年西德的 Aignesberger 等人研制成功三聚氰胺减水剂(商品名"Melment"),即树脂系高效减水剂,标志着高效减水剂的诞生。

20 世纪 60 年代,混凝土外加剂技术和混凝土泵技术结合诞生了混凝土的新时代——预拌混凝土。经过半个世纪的发展,预拌混凝土已基本成熟,为此组织编写了《预拌混凝土系列丛书》,希望系统总结预拌混凝土的发展成果,为行业的后来者迅速成长铺路搭桥。

本系列丛书内容宽泛,加之作者水平有限,不当之处敬请读者指正!

张巨松

2015 年 3 月

前　　言

改革开放 30 多年是中国混凝土快速发展的 30 多年,也是中国混凝土技术硕果累累的 30 多年。现今我国的混凝土技术已经可以根据不同的应用领域、功能和结构要求而生产出不同品种的混凝土,如:耐火混凝土、装饰混凝土、轻骨料混凝土、加气混凝土等。而泡沫混凝土在其中是比较年轻的一员,也是技术含量相对较高的一员。

近些年来,建筑节能与墙体改革已经成为我国的一项基本国策,随着我国提出的建设资源节约型社会的要求和国家节能降耗政策的相继出台,节能型建筑材料势必成为今后新型建材的发展方向。并且,由于近几年发生的由建筑保温材料引起的火灾,相关主管部门越来越重视建筑保温材料的防火问题,也陆续出台了一些政策法规,对建筑保温材料的防火等级进行了规定。

而泡沫混凝土的性能是非常符合以上要求的,这也是泡沫混凝土近些年应用逐渐增多的原因。泡沫混凝土具有施工速度快、质轻、隔声降噪、保温隔热及防火性能优越等特点,不但可以应用于建筑节能,也可以用于市政工程填筑、建筑内墙以及地面找平等其他领域;并且在建筑工程中,仍然有很多泡沫混凝土可以应用的领域有待开发。

随着国家政策的逐渐引导,以及泡沫混凝土技术的不断创新发展,未来泡沫混凝土的应用范围也必定继续扩大。

本书以作者十余年的泡沫混凝土研究经历为基础,结合行业内的很多企业家和具有共同志向的研究生共同合作的结果,并引用了国内外同行学者的许多文献资料，在此一并表示感谢。

由于编写时间仓促，水平有限，书中难免存在不足之处，欢迎广大读者批评指正。若本书能给各界同仁提供一些帮助，将是我们最大的欣慰。

作　者

2015 年 3 月于沈阳

目　　录

绪　　论

1. 泡沫混凝土的定义

根据传统定义,泡沫混凝土是用物理方法将泡沫剂制备成泡沫,再将泡沫加入到由水泥、骨料、掺和料、外加剂和水制成的料浆中,经混合搅拌、浇注成形、养护而成的轻质微孔混凝土。

泡沫混凝土发展至今日,经过不断的更新换代,已经发展出很多不同的品种和类型,其制备方法、原材料和形态构造也远远超出了传统定义的范围,比如说近年来通过国内科研人员和工程界人士的努力,我国出现了一种新兴的化学发泡制备泡沫混凝土的方法,该方法以水泥为主材,以粉煤灰、纤维等为辅料,以过氧化氢为发泡剂,采用化学发泡方法,经过配料、搅拌、浇注、发气、养护、切割等工序制成的一种多孔混凝土,和传统加气混凝土不同的是无需蒸压。由于化学发泡方法制备泡沫混凝土在降低密度、提高抗压强度以及改善外观等方面,与物理发泡方法相比有其自身的优势,因此近年来已经逐渐被学术界和工程界所接受。

泡沫混凝土属于多孔混凝土的一种。它和加气混凝土属于同一个类型的多孔混凝土,从本质上讲,泡沫混凝土实际上是加气混凝土中的一个特殊品种。它的孔结构和材料性能都接近于加气混凝土,主要用途也类似于加气混凝土,它的技术标准目前也参照加气混凝土执行。但它和加气混凝土的不同有两点:第一,原料不同,泡沫混凝土是以水泥为主材的,加气混凝土是以粉煤灰(灰加气)或石灰加砂(砂加气)或矿渣为主材;第二,养护方法不同,泡沫混凝土可采用自然养护或蒸汽养护,而加气混凝土必须采用蒸压养护。总的看来,二者的气孔结构和性能没有根本性的区别。因此,可以这样说,泡沫混凝土属于广义的加气混凝土。

正是由于泡沫混凝土与加气混凝土的气孔结构特征和材料性能比较相近,所以泡沫混凝土的概念目前有些模糊,还没有一个统一的而且比较确切的界定,二者的概念往往有交叉的部分。例如,如果以气泡产生的方法来界定泡沫混凝土,应该是采用物理机械发泡的才是泡沫混凝土,但目前许多业内人士也把发气剂化学发泡而不蒸压的多孔混凝土也称为泡沫混凝土。因为他们认为加气混凝土是蒸压的,而这种发气剂虽属化学加气但不蒸压,不符合加气混凝土蒸压工艺的特征,所以将其归之于泡沫混凝土。我们若以养护工艺特征来界定泡沫混凝土,应该是非蒸压的采用物理发泡的多孔混凝土才是泡沫混凝土。但是,现在一些采用物理发泡的气孔混凝土有时也采用蒸压养护。

同时,业内一些学者和工程界人士为将化学发泡区别于物理发泡,习惯将化学发泡制备的泡沫混凝土称之为发泡水泥,而实际上,除发泡方法外,从原材料、结构、物理性能及力学特征等方面来看,二者并无本质区别,因此有人提出化学发泡方法制备的产品,也应归入泡沫混凝土一类。

正因如此,泡沫混凝土始终没有一个比较准确的概念和定义,大家都是根据自己的理解来各自界定。作者翻阅了不少与泡沫混凝土相关的论文和著作,在这些论文和著作中,对泡沫混凝土的定义并不统一,甚至有些互相矛盾。

作者认为,泡沫混凝土的概念界定应遵循三个原则,从这三个原则综合考虑,取得一个相对规范的概念。这三个原则是:①大多数人给予的定义;②泡沫混凝土近些年的发展状况;③与泡沫混凝土未来的发展趋势相符合。

从上述三个原则出发,作者认为,泡沫混凝土比较规范性的概念是:以水泥、粉煤灰及其他掺和料为主要原料,采用物理或化学方法,将气泡引入胶凝材料浆体中,凝结硬化后制成的具有大量孔隙的轻质多孔混凝土。

(1)物理发泡。

物理发泡采用机械方法将发泡剂制成泡沫,然后再将已制得的泡沫和硅酸钙质材料、菱镁材料或石膏材料所制得的料浆均匀搅拌,来制成泡沫混凝土拌和物。搅拌使这些材料的硬质微粒黏附到泡沫的外壳上面,泡沫的气泡就变为互相隔开的单个气泡。气泡的壁体由泡沫料浆的微粒和水构成。泡沫混凝土气孔形状与加气混凝土有所不同,不是椭圆体,它在毛细管作用下会产生变形而变成多面体。拌和物中的细孔分布得越均匀、尺寸越小,则泡沫混凝土强度越高。在静停期间,多孔拌和物逐渐稠化凝结,形成胚体。在蒸养或自然养护条件下,这些材料间产生水化反应,生成水化硅酸盐及水化铝硅酸盐胶凝物质或其他胶凝物质,使胚体逐渐变成具有一定强度和其他物理力学性能的多孔人造石材。因为这种泡沫混凝土的泡沫是外加的,所以习惯称之为外发泡。机械发泡所制得的泡沫混凝土泡径大小可以通过人工控制,它的泡径一般都小于 2 mm。

(2)化学发泡。

化学发泡是将化学发泡剂加入到预先制备好的胶凝材料浆体中,然后进行搅拌使发泡剂在浆体中分散均匀,通过温度或催化作用使浆体中的发泡剂发生化学反应生成气体,这些气体使胶凝材料浆体膨胀,待发泡浆体凝结硬化之后而制成泡沫混凝土(也称发泡水泥),由于化学发泡是在胶凝材料浆体内部生成气泡,所以有人称之为内发泡。化学发泡制备的泡沫混凝土孔径一般大于物理发泡所制备的泡沫混凝土,孔径大多为2~4 mm。

通常在相同密度等级的情况下,化学发泡制备的泡沫混凝土强度、孔结构会优于物理发泡制备的泡沫混凝土,但是这种发泡方法也有其自身的问题,如:浆料稳定性低,不易控制,对浇注外部环境较敏感,若控制不好很容易造成塌模;浇注后不能立即刮平,因此不适用于现浇,只能生产预制品;并且化学发泡制备的产品在成形后容易出现裂缝,对制品的性能和观感也会造成影响。

化学发泡是近些年国内新兴起的一种发泡方法,已经有一些研究者和企业对其进行研究和开发,由于这种发泡方法在一些方面有其自身的优势,因此在未来的泡沫混凝土市场也会获得一定的发展。

2. 泡沫混凝土的发展历程

(1)物理发泡阶段。

20世纪30~50年代,是泡沫混凝土工业化技术体系形成的时期。在这一时期,正值二战爆发,生产加气混凝土的铝粉供应紧张,于是欧洲各国纷纷转向以泡沫取代铝粉,以泡沫混凝土取代加气混凝土,刺激了泡沫混凝土在二战前后及战争期间的研发及生产,形成了其发展的第一个高潮。

在这一时期,技术成就最大的是苏联。苏联为泡沫混凝土技术成熟并走向工业化生产,起到了关键性的作用。从1926年开始研发到1930年在列宁格勒(现圣彼得堡)开始工业化生产,苏联只用了四年时间。从1936年起,在已成功生产自然养护泡沫混凝土的基础上,实现了蒸压泡沫混凝土及蒸压泡沫硅酸盐的工业化生产,建立了彼尔伏乌拉尔斯克、别莱兹尼克等泡沫混凝土大型企业。

中国泡沫混凝土的发展并不晚,这主要是因为苏联的原因,泡沫混凝土几乎和新中国同时诞生和成长。

1950年,苏联专家就开始向中国推广泡沫混凝土技术。

1952年,中国科学院土木建筑研究所成立了以黄兰谷为首的泡沫混凝土试验中心,开始了中国泡沫混凝土的正式试制。

1954年,在中国科学院土木建筑研究所与其他单位合作下,由苏联专家指导,在哈尔滨生产出蒸压泡沫混凝土板,用于哈尔滨电表仪器厂屋面。这是我国首次将泡沫混凝土用于建筑保温。

1955~1957年,原水利电力部电力建设科学技术研究所试制成功使用温度可达250~510 ℃的泡沫混凝土管壳,应用于电厂的高温管道保温上。

1956 年,原纺织工业部基本建设设计院也开展了粉煤灰泡沫混凝土的试验研究,其目的是针对当时泡沫混凝土以水泥为主,成本较高的情况,以粉煤灰取代水泥,来降低成本。在原北京市建材局、中纺部第二工程公司、水利科学研究院等配合下,他们一年多的试验取得了成功,将泡沫混凝土成本降低了40%,并在工程中应用。

1952~1959 年的 8 年间,是我国泡沫混凝土发展的第一个高潮期,形成了一定的生产规模。但由于随后的中苏关系恶化,苏联专家撤走,再加上紧接其后的"文化大革命",致使我国泡沫混凝土从 1960~1980 年,整整 20 年之久,很少有人问津。

据统计,在物理发泡方面,我国相关科研人员共申请专利"一种超低密度泡沫混凝土及其制备方法""一种泡沫玻璃混凝土砖"等 110 余项,取得国家科技成果"LWJ 防水隔热泡沫混凝土的研究与应用""泡沫混凝土生产与应用技术"等 12 项,发表论文《泡沫混凝土泡沫发生器的研制》《国内外混凝土发泡剂及发泡技术分析》等 200 余篇,其中硕士学位论文 19 篇。

(2)泵送泡沫混凝土阶段。

泡沫混凝土重新在我国兴起,是从现浇开始兴盛并发展起来的。在 1980 年前后,随着改革之风吹开国门,欧洲的泡沫混凝土现浇技术进入了我国的开放前沿广东。由于广东及其周边地区夏季炎热,对屋面保温需求强烈,泡沫混凝土屋面现浇率先在广东流行。当时,广州、东莞、佛山等地,大量的屋面保温都应用了现浇泡沫混凝土。此后,泡沫混凝土屋面保温现浇逐渐向北推进,经福建、湖南、江西等省一路北上,如今已发展到北京、辽宁、陕西等全国各地。2007 年,中南地区建筑标准图集《泡沫混凝土屋面保温隔热建筑构造》(07ZTJ2005)及四川省工程建设标准设计图集《泡沫混凝土楼地面、屋面保温隔热建筑构造图》(DBJT 20—58)先后推出,标志着现浇屋面保温隔热层的规范化应用已经开始。

继泡沫混凝土屋面保温现浇之后,在 20 世纪 90 年代末期,泡沫混凝土地面保温层现浇自韩国传入我国,率先在靠近韩国的烟台、威海、天津、大连、秦皇岛等地成功应用。进入新世纪之后,由于其适应了建筑节能的需求,获得了迅猛的发展,并从 2005 年起进入发展高潮。如今,泡沫混凝土现浇地暖保温层技术自东向西、向南、向北三面扩展,已发展到全国除两广及福建、台湾之外的大部分省区,成为泡沫混凝土第一大应用领域。河北省地暖协会出台的泡沫混凝土地暖保温层地方标准,是我国第一个泡沫混凝土标准。之后,山东、辽宁也都出台了地方标准。2009 年春,我国第一部泡沫混凝土现浇行业标准

《地面辐射供暖工程用发泡水泥绝热层、水泥砂浆填充层技术规程》颁布实施,将泡沫混凝土地暖保温隔热层现浇应用推进到一个新的发展阶段。

2006 年以后,我国以现浇为代表的泡沫混凝土,进入了蓬勃发展的新时代。目前,我国的泡沫混凝土基本以现浇为主制品为辅。我国泡沫混凝土现浇蓬勃发展的主要标志有以下几点:

①泡沫混凝土新的、高端的应用技术及应用领域大量出现。2006 年以后,一年出现的新技术、新的应用领域,可以超过前几十年的总和,且一年比一年数量多。作者做了简单统计,在 2006 年以后出现的泡沫混凝土新技术达数十项。

②国内已开始出现规模化泡沫混凝土设备生产厂家。

③泡沫混凝土企业快速增加,每年新增企业数量不少于百家,2014 年近2 000 家。论生产企业数量,我国已居世界第一。

④泡沫混凝土标准开始制定和实施,自 2006 ~ 2014 年,我国推出地方标准、行业标准、国家标准 20 多部,还有一批标准正在制定中。从此,我国的泡沫混凝土告别了无序发展的时代,开始逐步走向规范化生产。

在泵送泡沫混凝土方面,我国相关科研人员共申请专利"用泡沫混凝土永久性内模的现浇空心楼板""现浇泡沫混凝土复合墙板"等 20 项,取得国家科技成果"发泡混凝土轻型墙体砌块、轻体现浇混凝土"1 项,发表论文《泡沫混凝土整体现浇墙体工程应用研究》《现浇泡沫混凝土自保温体系在寒冷地区应用探讨》等 12 篇。

(3)化学发泡阶段。

针对物理发泡的缺点,国内一些企业开始开发化学发泡方法制备泡沫混凝土,使得全行业的技术水平得到全面提升:

①以化学发泡生产保温板技术,在全国得到推广应用,提高了产品的技术性能,尤其是抗压强度和产品外观。

②产品密度大幅下降,200 kg/m³ 以下产品,在 2010 年之前还很少见,而现在许多企业都可以实现 150 ~ 200 kg/m³ 超低密度产品的工业化生产,山西省潞城泓钰节能建材有限公司、辽宁蓝光建设集团有限公司、上海法普罗材料技术有限公司等企业甚至可以生产密度为 100 ~ 150 kg/m³ 的产品。在实验室研发阶段,一些研究机构和企业已可以制出密度为 60 ~ 80 kg/m³ 的产品。泡沫混凝土在密度方面的迅速降低,为其最终取代膨胀聚苯板创造了技术条件。

③泡沫混凝土的综合性能全面提高,较 2010 年上了一个大台阶。其主要技术指标,如导热系数,已能做到 0.05 W/(m·K),最低已达到 0.04 W/(m·K);

吸水率已由原来的 30% 左右降至 10%，最低可达 5%；密度为 200～300 kg/m³ 的泡沫混凝土的抗压强度也已由原来的 0.2～0.3 MPa，提高到 0.5～1.0 MPa，最高已达 1.2 MPa。

④硅酸盐水泥化学发泡生产保温板技术获得推广应用。早期我国泡沫混凝土保温板的生产，大多采用快硬硫铝酸盐水泥，制品容易碳化、粉化、脱落。企业及时技术更新，调整技术方案，采用以硅酸盐水泥为主体、辅助多种材料进行化学发泡生产保温板。目前已经有部分企业实现了技术换代，硅酸盐水泥化学发泡技术得到了推广应用。

在化学发泡方面，我国的科研人员共申请专利"一种建筑外墙用粉煤灰/水泥发泡保温板""一种发泡水泥"等 50 余项，发表硕士学位论文《超轻泡沫混凝土保温材料的试验研究》1 篇，丹东市兄弟建材有限公司、唐山万城建材有限公司等一批企业也在积极开发化学发泡方法制备泡沫混凝土。

(4)复合泡沫混凝土阶段。

近几年来，为了提高泡沫混凝土的保温隔热性能，一些企业与科研人员试图将泡沫混凝土与其他保温材料复合。如：烟台大学土木工程系周明采用泡沫混凝土与膨胀珍珠岩复合，制得了泡沫水泥膨胀珍珠岩复合保温板，在强度基本不变的情况下，使材料的密度与导热系数明显降低；吉林建筑工程学院肖立光等人采用 EPS 颗粒、膨胀珍珠岩以及陶粒等材料与泡沫混凝土复合，制得了凝结在一起的上、下面层和面层之间的夹心材料层，上、下面层和中间夹心保温层凝结在一起，整体强度高，面层具有轻质、高强、防水抗渗、防火、耐腐蚀的优点和保温、隔热性能，中间夹心层具有突出的保温、隔热性能和明显优于同类材料的强度及防水抗渗、抗裂、防火、耐腐蚀性能；黄淮学院建筑工程系李勇等人采用废弃聚苯颗粒与泡沫混凝土复合，以硬泡聚氨酯为芯材，制得了聚苯再生颗粒发泡混凝土复合硬泡聚氨酯外墙保温板，制得的产品整体性好、充分利用工业废弃物，综合造价低，属绿色环保建材。

但是该阶段的复合保温材料仅局限于生产预制构件，无法现场浇筑，限制了其在工程中的应用。

在复合泡沫混凝土方面，我国相关工作人员共申请"聚苯泡沫混凝土保温材料及其制备方法""防水隔热珍珠岩泡沫混凝土制备方法及其应用"等 11 项专利，发表论文《外墙发泡混凝土新型复合保温板体系的技术经济分析》《泡沫水泥膨胀珍珠岩复合保温板研制》两篇。

（5）泵送复合泡沫混凝土阶段。

此阶段的泡沫混凝土材料的创新之处在于：该课题组受胶粉聚苯颗粒启发将有机材料聚苯泡沫颗粒与泡沫混凝土复合，进一步提升泡沫混凝土的热工性能和力学性能。复合后，克服胶粉聚苯颗粒手工操作的传统工艺，采用泵送工艺，实现大工业生产，大大提高施工效率。

该项技术可广泛应用于楼面（地暖）、屋面、外保温夹心墙、内隔墙夹心墙、外墙夹心墙等，可实现现场泵送浇注或制品。

3. 泡沫混凝土的分类

传统加气混凝土的分类比较简单。它按材料组成分为两类：石灰-粉煤灰加气混凝土和水泥-石灰-粉煤灰加气混凝土。它按干密度分为：300 kg/m^3、400 kg/m^3、500 kg/m^3、600 kg/m^3、700 kg/m^3、800 kg/m^3 6 个等级。按使用功能分为：砌块、屋面板、拼装大板、墙板 4 大种类。参考传统加气混凝土的这种分类方法，泡沫混凝土的分类更多一些，也更细一些。

（1）按组成胶结材料分类。

按照组成胶结材料可分为水泥泡沫混凝土、菱镁泡沫混凝土、石膏泡沫混凝土、火山灰质胶结材料泡沫混凝土。

（2）按填充种类分类。

根据所用主要填充料的种类，可分为几十种。如粉煤灰泡沫混凝土、煤矸石泡沫混凝土、秸秆泡沫混凝土、陶粒泡沫混凝土、聚苯颗粒泡沫混凝土及珍珠岩泡沫混凝土等。

（3）按密度等级分类。

泡沫混凝土的密度等级和传统加气混凝土相近，一般分为七个等级，即：200 kg/m^3、300 kg/m^3、400 kg/m^3、500 kg/m^3、600 kg/m^3、700 kg/m^3、800 kg/m^3，其中 400 kg/m^3、500 kg/m^3、600 kg/m^3 级制品承重兼做保温；300 kg/m^3 级以下一般做保温使用；700 kg/m^3 级以上一般用于承重。

（4）按发泡方法分类。

按照发泡方法分，泡沫混凝土目前主要分为两大类：物理发泡泡沫混凝土和化学发泡泡沫混凝土。

（5）按使用功能分类。

按照使用功能，泡沫混凝土可分为保温型、保温结构型和结构型三类。

（6）按生产工艺分类。

按照生产工艺，泡沫混凝土分为现场浇筑泡沫混凝土和泡沫混凝土预制构件，其中，泡沫混凝土预制构件的应用更广一些。近年，现场浇筑屋面和地暖发展也较快,应用领域也迅速扩大。

(7)按应用领域分类。

按照应用领域,泡沫混凝土目前分为:房建泡沫混凝土(屋面、墙面、墙体、地暖等建筑各部位制品或现浇)、园林泡沫混凝土(假山、园艺陶粒、水上漂浮品、轻质园林装饰品等)、工程泡沫混凝土(矿井及其他报废地下工程回填、补偿地基、抗冻地基等)、工业泡沫混凝土(工业管道保温、工业窑炉保温、化工滤质)。

(8)按养护方式分类。

有些企业按养护方式对泡沫混凝土进行分类。这种分类共 3 种,即自然养护泡沫混凝土、蒸汽养护泡沫混凝土和蒸压养护泡沫混凝土。

(9)按孔径分类。

不同孔径的泡沫混凝土,其性能和用途有较大的差别。因此,为了方便使用,泡沫混凝土按孔径大小来分类。根据实际需要,一般分为 3 类,即微孔泡沫混凝土(泡径小于 1 mm)、中孔泡沫混凝土(泡径为 1~3 mm)、大孔泡沫混凝土(泡径大于 3 mm)。

4. 泡沫混凝土的特性

(1)轻质。

泡沫混凝土的密度小,密度等级一般为 300~1 800 kg/m³,常用泡沫混凝土的密度等级为 300~1 200 kg/m³,近年来,密度为 300 kg/m³ 以下的超轻泡沫混凝土也在建筑工程中获得了应用。由于泡沫混凝土的密度小,在建筑物的内外墙体、层面、楼面、立柱等建筑结构中采用该种材料,一般可使建筑物自重降低 25% 左右,有些可达结构物总重的 30%~40%。而且,对结构构件而言,如采用泡沫混凝土代替普通混凝土,可提高构件的承载能力。因此,在建筑工程中采用泡沫混凝土具有显著的经济效益。

(2)保温隔热性能好。

由于泡沫混凝土中含有大量封闭的细小孔隙,因此具有良好的热工性能,即良好的保温隔热性能,这是普通混凝土所不具备的,通常密度等级为 300~1 200 kg/m³ 的泡沫混凝土,导热系数为 0.08~0.3 W/(m·K)。采用泡沫混凝土作为建筑物墙体及屋面材料,具有良好的节能效果。

(3)隔音耐火性能好。

泡沫混凝土属多孔材料,因此它也是一种良好的隔音材料,在建筑物的楼层和高速公路的隔音板、地下建筑物的顶层等可采用该材料作为隔音层;泡沫混凝土是无机材料,不会燃烧,从而具有良好的耐火性,在建筑物上使用,可提高建筑物的防火性能。

（4）高流态。

由于掺入的泡沫是水膜性的，在与水泥砂浆混合搅拌时，部分泡沫会破裂变成水，因此泡沫混凝土是一种大水灰比的材料，一般均在 0.6 以上，具有很高的流动性，具有自密实的特点。

（5）低弹性模量（耗能减震）。

泡沫混凝土的弹性模量值明显低于普通混凝土，其干密度在 500 ~ 1 500 kg/m³ 时，其对应的弹性模量为 1.0 ~ 8.0 kN/mm²。泡沫混凝土由于含有大量的微孔，因此具有很好的吸能减震的作用，泡沫混凝土的耗能机理可归结为：①应力波在相邻介质达到平衡前在泡沫混凝土泡壁与泡孔之间进行多次的反射和透射，从而将一部分能量耗散；②动载作用下泡沫混凝土材料本身可以产生大变形来消耗冲击能量，泡沫混凝土相对于普通混凝土来说，具有波阻抗低、大孔隙率的特性。比普通混凝土更容易进入塑性阶段，能够更有效地反射和吸收冲击能量，所以其应力衰减效果比混凝土要好，而透射能量的衰减效果更是大大强于普通混凝土。

（6）环保、无毒无害。

泡沫混凝土所需原料主要为水泥和发泡剂，发泡剂为中性，不含苯、甲醛等有害物质，避免了环境污染和消防隐患。

（7）整体性好、施工简单。

泡沫混凝土可现场浇筑施工，与主体工程结合紧密，不需留分割缝和透气孔。泡沫混凝土用泵送可达垂直高度 120 m、水平 800 m 的输送距离。

（8）其他性能。

除以上优点外，泡沫混凝土还具有施工过程中可泵性好，防水能力强，冲击能量吸收性能好，可大量利用工业废渣，价格低廉等优点。

第1章 泡沫混凝土原材料

1.1 水 泥

水泥是加水后能拌和成塑性浆体,可胶结砂石等适当材料,并能在空气中和水中硬化的粉状水硬性胶凝材料。水硬性是指材料磨细成细粉加水拌和成浆后,能在潮湿空气和水中硬化并形成稳定化合物的性能。

水泥是泡沫混凝土中的主要胶凝材料,也是泡沫混凝土的主要强度来源,在泡沫混凝土中起着胶结作用。目前用于泡沫混凝土原材料的水泥主要有硅酸盐系列水泥、硫铝酸盐水泥、镁水泥等。

1.1.1 硅酸盐系列水泥

根据硅酸盐系列水泥混合材品种及掺量的不同,国家标准《硅酸盐水泥、普通硅酸盐水泥》(GB 175—1999)、《矿渣硅酸盐水泥、火山灰质硅酸盐水泥及粉煤灰硅酸盐水泥》(GB/T 1344—1999)及《复合硅酸盐水泥》(GB 12958—1999)分别将其定义为6大通用水泥,其主要组成和性能见表1.1。

表 1.1 硅酸盐系列水泥的组成及性能

名称	简称	代号	主要组成	主要特性
硅酸盐水泥	纯硅水泥	P·I	由硅酸盐水泥熟料加适量石膏磨细制成,不掺加任何混合材	具有强度高、凝结硬化快、抗冻性好、耐磨性和不透水性强等优点;缺点是水化热较高、抗水性差、耐酸碱和硫酸盐类的化学侵蚀较差
		P·II	由硅酸盐水泥熟料、0～0.5%石灰石或粒化高炉矿渣、适量石膏磨细制成	
普通硅酸盐水泥	普通水泥	P·O	由硅酸盐水泥熟料、6%～15%混合材、适量石膏磨细制成	与硅酸盐水泥相比,早期强度略有降低,抗冻性与耐磨性稍有下降,低温凝结时间有所延长

续表 1.1

名称	简称	代号	主要组成	主要特性
矿渣硅酸盐水泥	矿渣水泥	P·S	由硅酸盐水泥熟料和 20%～70% 粒化高炉矿渣、适量石膏磨细制成	具有水化热低,抗硫酸盐侵蚀性好,抑制碱-骨料反应,蒸汽养护效果好,耐热性较高,凝结时间长,早期强度低、后期强度增进大,保水性、抗冻性较差等特点
火山灰质硅酸盐水泥	火山灰水泥	P·P	由硅酸盐水泥熟料和 20%～50% 火山灰质混合材、适量石膏磨细制成	具有水化热低,抗硫酸盐侵蚀性能好,保水性好,凝结时间长,早期强度低、后期强度增进大,需水量大,干缩大等特点
粉煤灰硅酸盐水泥	粉煤灰水泥	P·F	由硅酸盐水泥熟料和 20%～40% 粉煤灰、适量石膏磨细制成	具有需水量小,和易性好,泌水小,干缩小,水化热低,耐侵蚀性好,抑制碱-骨料反应,早期强度低、后期强度增进大,抗冻性差等特点
复合硅酸盐水泥	复合水泥	P·C	由硅酸盐水泥熟料、两种或两种以上混合材、适量石膏磨细制成。混合材总掺量按质量分数应大于 15%,不超过 50%	具有较高的早期强度,较好的和易性,但需水量较大,配制混凝土的耐久性略差

水泥的凝结硬化过程除受本身的矿物组成影响外,还受以下因素的影响:

(1)细度。

细度即磨细程度,水泥颗粒越细,总表面积越大,与水接触的面积也越大,则水化速度越快,凝结硬化也越快。

(2)石膏掺量。

水泥中掺入石膏,可调节水泥凝结硬化的速度。在磨细水泥熟料时,若不掺入少量石膏,则所获得的水泥浆可在很短时间内迅速凝结。这是由于铝酸钙可电离出二价钙离子(Ca^{2+}),而高价离子可促进胶体凝聚。当掺入少量石膏后,石膏将与铝酸三钙作用,生成难溶的水化硫铝酸钙晶体(钙矾石),减少了溶液中的铝离子,延缓了水泥浆体的凝结速度,但石膏掺量不能过多,因过多不仅缓凝作用不大,还会引起水泥安定性不良。

合理的石膏掺量,主要取决于水泥中铝酸三钙的含量及石膏中三氧化硫的含量。一般掺量约占水泥质量的 3% ~5% ,具体掺量通过试验确定。

(3)养护时间(龄期)。

随着时间的延续,水泥的水化程度在不断增大,水化产物也不断增加。因此,水泥石强度的发展是随龄期而增长的。一般在 28 d 内强度发展最快,28 d后显著减慢。但只要在温暖、潮湿的环境中,水泥强度的增长可延续几年,甚至几十年。

(4)温度和湿度。

温度对水泥的凝结硬化有着明显的影响。提高温度可加速水化反应,通常提高温度可加速硅酸盐水泥的早期水化,使早期强度能较快发展,但对后期强度反而可能有所降低。在较低温度下硬化时,虽然硬化缓慢,但水化产物较致密,所以可获得较高的最终强度。当温度降至负温时,水化反应停止,由于水分结冰,会导致水泥石冻裂,破坏其结构。温度的影响主要表现在水泥水化的早期阶段,对后期影响不大。

水泥的水化反应及凝结硬化过程必须在水分充足的条件下进行。环境湿度大,水分不易蒸发,水泥的水化及凝结硬化就能够保持足够的化学用水。如果环境干燥,水泥浆中的水分蒸发过快,当水分蒸发完后,水化作用将无法进行,硬化即行停止,强度不再增长,甚至还会在制品表面产生干缩裂缝。

因此,使用水泥时必须注意养护,使水泥在适宜的温度及湿度环境中进行硬化,从而使其强度不断增长。

1.1.2 硫铝酸盐水泥

凡以适当成分的生料,经煅烧所得以无水硫铝酸钙($3CaO \cdot 3Al_2O_3 \cdot CaSO_4$,简写为 $C_4 \cdot A_3 \cdot \bar{S}$)和硅酸二钙为主要矿物成分的熟料,加入适量石膏磨细制成的早期强度高的水硬性胶凝材料,称为硫铝酸盐水泥。

硫铝酸盐水泥也是一种应用比较广泛的泡沫混凝土原材料。硫铝酸盐水泥早期强度高,水化 3 d 时的抗压强度,已接近于硅酸盐水泥的 28 d 抗压强度。硫铝酸盐水泥在水化初期 3 d 内的强度增进率很高,3 d 龄期以后,强度发展迅速减慢,28 d 强度基本与硅酸盐水泥的 28 d 强度持平。早强硫铝酸盐水泥的 3 d 强度不但远高于矿渣硅酸盐水泥和普通硅酸盐水泥,而且是快硬硅酸盐水泥强度的 2 倍左右。硫铝酸盐水泥早期水化速度快,因而水化热比较集中,几乎 90% 的水化热都集中在 1 ~3 d 龄期内。

　　由于硫铝酸盐水泥凝结硬化快、早期强度高,因此采用硫铝酸盐水泥制备泡沫混凝土时,水泥对泡沫固定的速度快,泡沫在水泥浆中不易消失,因而浇注十分稳定,不易塌模。而一般硅酸盐类水泥凝结缓慢,对泡沫在浆体中的固定效果差,泡沫易消失而导致塌模,因而浇注稳定性差。国内很多企业在制备低密度的泡沫混凝土时都采用硫铝酸盐水泥为原料,也是这个原因。

　　但是,与普通硅酸盐水泥相比,硫铝酸盐水泥也有其不足之处,比如:

　　(1)成本高。

　　普通硅酸盐水泥的到厂价格约为 350～450 元/吨,而硫铝酸盐水泥的到厂价格大多在 700 元/吨以上,这说明制备相同产量的泡沫混凝土时,采用硫铝酸盐水泥的成本高于普通硅酸盐水泥,并且密度越高,成本相差越大。

　　(2)后期强度低。

　　硫铝酸盐水泥的早期强度上升速率快,但硫铝酸盐水泥泡沫混凝土制品的后期强度低于普通水泥制备的泡沫混凝土。

1.1.3　镁水泥

　　镁质胶凝材料是由磨细的苛性苦土(MgO)或苛性白云石(MgO 和 $CaCO_3$)为主要组成的一种气硬性胶凝材料,该材料不需用纯水而需用调和剂拌制,常用的调和剂为 $MgCl_2$ 溶液,这种用 $MgCl_2$ 溶液调制的镁质胶凝材料就是目前广泛关注的氯氧镁水泥,简称镁水泥。其硬化体的性质与 MgO 的活性及水化产物相组成等多种因素有关。

1. 镁水泥的凝结时间及强度

　　镁水泥的凝结时间与所用 MgO 的活性密切相关。在其他条件相同时,以同一原料不同温度煅烧的 MgO,其凝结时间见表 1.2。其结果表明镁水泥的凝结时间随 MgO 煅烧温度的升高、比表面积的减小而减慢。

表 1.2　镁水泥凝结时间与 MgO 活性的关系

煅烧温度/℃	600	700	800	900	1 000	1 100	1 200
比表面积/($m^2 \cdot g^{-1}$)	121.1	85.2	48.9	29.5	26.5	16.1	—
初凝时间(h:min)	1:30	1:55	1:57	4:25	4:17	6:21	9:57
终凝时间(h:min)	2:07	2:33	3:20	5:40	5:11	8:11	13:02

　　用 $MgCl_2$ 溶液调制的镁水泥硬化体的结构与其他胶凝材料硬化体的结构有许多共同的特点。即它们都是多相多孔结构,它们的结构特性取决于水化物的类型和数量、水化物之间的相互作用以及孔隙率的大小和孔径分布。镁

水泥的水化相如果控制得好,可以形成具有很高强度的结晶结构网。

2. 影响镁水泥强度发展的因素

(1) MgO 与 $MgCl_2$ 的比值。

试验表明 $MgO/MgCl_2$ 大于 6 时强度有所降低,而且这个比值越大强度降低越多,因为在这种情况下生成的 $5 \cdot 1 \cdot 8(5Mg(OH)_2 \cdot MgCl_2 \cdot 8H_2O)$ 相是不稳定的,它要向 $3 \cdot 1 \cdot 8(Mg(OH)_2 \cdot MgCl_2 \cdot 8H_2O)$ 相转变引起结构破坏而强度降低。

(2) 温度。

养护温度在 20~40 ℃范围内,随着养护温度的升高,镁水泥的强度随之升高。当温度高于 40 ℃时,根据 $Mg(OH)_2 \cdot MgCl_2 \cdot H_2O$ 的比例不同,强度也呈现不同的发展趋势。

此外,MgO 的活性、分散程度、$MgCl_2$ 溶液浓度等因素也将影响镁水泥的强度。

3. 镁水泥的特点

在干燥条件下镁水泥具有凝结硬化快、强度高的特点,因此采用镁水泥制备泡沫混凝土,可以使泡沫迅速固定在水泥浆体中,减少泡沫的破灭量,提高浇注的稳定性,不易出现塌模现象。

但是,由于其水化物,特别是其结晶接触点,具有高溶解度,所以在潮湿条件下其强度很快降低。从这个意义上讲,它是不耐水的。因此,镁水泥制品在使用过程中,常受到空气中的二氧化碳、水蒸气的侵蚀以及日晒雨淋等作用而使制品的强度下降、光泽性变差、反卤、翘曲并产生龟裂等。

4. 提高镁水泥耐水性的途径

(1) 降低水介质的作用。

除了根据气硬性胶凝材料的特点,注意使用环境或在制品表面涂刷防水层外;还可在镁水泥的拌制过程中加入少量的有机物,如三聚氰胺树脂、脲醛树脂、有机硅等,使 $5 \cdot 1 \cdot 8$ 相周围产生高聚物或疏水的保护层,减少氯离子与水分子的接触,从而提高水化物结构的相对稳定性及其耐水性。

(2) 掺入适量的添加剂。

研究结果表明,在镁水泥中掺入 3%~8% 的磷酸或磷酸盐,其泡水一个月后的软化系数可达到 0.9,但以后随着泡水时间延长,其软化系数降低;加入 15% 的红砖粉、赤页岩粉或适量的粉煤灰、硅藻土等也可改善镁水泥的耐水性。

（3）使用其他调和剂。

由于 $MgCl_2$ 的吸湿性较大，因此可不采用 $MgCl_2$ 做调和剂，而改用硫酸镁（$MgSO_4 \cdot 7H_2O$）、铁矾（$FeSO_4$）等。实践证明，改用硫酸镁和铁矾做调和剂后，可以降低吸湿性，提高耐水性，但是其强度较用氯化镁为低。

1.1.4　其他水泥

除以上水泥外，还有高铝水泥、氟铝酸钙型水泥、磷铝酸盐水泥等，但在制备泡沫混凝土中应用不多，本书不做过多介绍。

1.2　矿物掺和料

矿物掺和料（也称矿物外加剂）是指以氧化硅、氧化铝和其他有效矿物为主要成分，在混凝土中可以代替部分水泥、改善混凝土综合性能，且掺量一般不小于 5% 的具有火山灰活性或潜在水硬性的粉体材料。常用品种有粉煤灰、磨细矿渣粉（简称矿粉）、硅灰等。

矿物掺和料在混凝土中的应用，正如水泥生产中应用混合材料一样，在早期可以说主要是为了节约水泥。随着研究和应用的不断深入，人们发现矿物掺和料不但能节约水泥，更重要的是能改善混凝土的综合性能，从现代混凝土技术的发展来说，已成为不可缺少的重要组分；并且由于矿物掺和料的价格低于水泥，因此采用矿物掺和料取代部分水泥制备混凝土，还可以降低生产成本。

1.2.1　粉煤灰

粉煤灰（fly-ash）是指煤粉炉燃烧煤粉时，从烟道气体中收集到的细颗粒粉末。依燃煤品种的不同，粉煤灰分为褐煤灰、烟煤灰及无烟煤灰。磨细粉煤灰（pulverized fly-ash）是指干燥的粉煤灰经粉磨加工达到规定细度的粉末。粉磨时可以添加适量的助磨剂。

粉煤灰是一种火山灰质材料。一种材料单独调水后本身并不硬化，但与石灰或水泥水化生成的 $Ca(OH)_2$ 作用生成水化硅酸钙和水化铝酸钙，这种性能称为火山灰活性。

1. 粉煤灰的技术性能和作用机理

粉煤灰作为混凝土的矿物掺和料，在水泥基混凝土中的主要作用机理如下：

（1）火山灰活性效应。

由于粉煤灰具有无定型玻璃体形态的活性物质 SiO_2，Al_2O_3，且比表面积大，这些成分与水泥水化过程中析出的氢氧化钙缓慢进行了"二次反应"，在表面生成具有胶凝性能的水化铝酸钙、水化硅酸钙等凝胶物质，填充在骨料之间形成紧密的混凝土结构。同时氢氧化钙的消耗使水泥石的碱度降低，在此环境中更有利于水化铝硅酸盐的形成。从而使后期强度增长较快，甚至超过同级别的混凝土强度值。

（2）微骨料效应。

为了满足混凝土施工和易性的需要，实际用水量比水泥水化理论需水量多很多，再加上水泥在若干年之内不可能完全水化，因此，有大量的凝胶孔和毛细孔，孔隙率占凝胶体的 25%～30%；而粉煤灰，特别是经粉磨的超细粉煤灰，具有极小的粒径，在水泥水化过程中，均匀分散于孔隙和凝胶体中，起到填充毛细管及孔隙裂缝的作用，改善了孔结构，提高了水泥石的密度。另一方面，未参与水化的颗粒分散于凝胶体中起到骨料的骨架作用，进一步优化了凝胶结构，改善了与粗细骨料之间的黏结性能和混凝土微观结构，从而改善了混凝土的宏观综合性能。

（3）形态效应。

由于粉煤灰含大量的球状玻璃微珠，填充在水泥颗粒之间起到一定的润滑作用，因此，优质粉煤灰的需水量比小于 100%，即达到同样流动性时可以降低用水量。另一个重要原因是，在混凝土流动性相同时，掺粉煤灰的混凝土比不掺的内摩擦阻力小，更容易泵送施工。

2. 粉煤灰对泡沫混凝土性能的影响

（1）对胶凝材料浆体的影响。

从粉煤灰混凝土流变学特性可知，由于玻璃微珠的形态效应和细粉料的微骨料效应，粉煤灰的掺入使胶凝材料浆体的内摩擦角和黏滞系数减小，从而其运动阻力减小，因而可以明显改善胶凝材料浆体的和易性。

（2）对抗压强度的影响。

有研究表明，在其他条件相同的情况下，掺粉煤灰的泡沫混凝土早期强度低于未掺入粉煤灰的泡沫混凝土，并且粉煤灰掺量越高，早期强度相差越大，但后期（1 年以上）强度可接近或超过未掺入粉煤灰的泡沫混凝土。

（3）对干密度的影响。

由于粉煤灰的表观密度低于水泥，并且掺入粉煤灰可以提高胶凝材料浆体的和易性，从而提高泡沫的稳定性。因此掺入粉煤灰可以在一定程度上降低泡沫混凝土的干密度。

(4)对抗冻性的影响。

有研究表明,掺粉煤灰可以通过增加混凝土的密实性、细化孔结构来改善泡沫混凝土的抗冻性。

(5)对干燥收缩的影响。

有研究表明,在其他条件相同的情况下,泡沫混凝土的干燥收缩值随着粉煤灰掺量的增加而降低,但降低幅度并不显著。

(6)对成形水胶比的影响。

有研究表明,制作同一密度级别的泡沫混凝土制品,随着粉煤灰掺量增加,水胶比升高,因此粉煤灰的加入,将使得用水量增加。

1.2.2 磨细矿渣粉

磨细矿渣粉(简称矿粉),是指粒化高炉矿渣经干燥、粉磨(可以添加少量石膏或助磨剂一起粉磨)达到规定细度并符合规定活性指数的分体材料。

矿粉是一种具有潜在水硬性的材料。一种材料单独调水本身就能硬化,且能与石灰或与水泥水化生成的氢氧化钙作用生成水化硅酸钙和水化铝酸钙,这种性能称为潜在水硬性。

1. 矿粉的作用机理

(1)胶凝效应。

矿粉中玻璃体形态的活性物质 SiO_2,Al_2O_3,经过机械粉磨激活,能与水泥水化过程中析出的 $Ca(OH)_2$ 进行"二次反应",在表面生成具有胶凝性能的水化铝酸钙、水化硅酸钙等物质。当掺入适量石膏时,还能进一步生成水化硫铝酸钙,促进强度形成和发展。胶凝效应的产生过程包括诱导激活、表面微晶化和界面耦合。

诱导激活是介稳态复合相在水化过程中相互诱导对方能态,越过反应势垒,使介稳体系活化。其中 Ca^{2+} 和 SO_4^{2-} 是主要的离子。

表面微晶化效应是指凝胶体系中的水化产物,若无外部动力,则只能通过热力学作用在某局部区域形成,即新相只能通过成核才能形成,当有另一复合相存在时,其微晶核作用降低了成核势垒,产生的非均匀成核使水化产物在另一复合相表面沉淀析出,加速了矿粉的水化过程。

界面耦合效应是指矿粉复合体系通过诱导激活、水化硬化形成稳定的凝聚体系,其显微界面的黏结强度与其宏观物理力学性能密切相关。

（2）微骨料效应。

与粉煤灰的微骨料效应相似，矿粉的最可几粒径在 10 μm 左右，在水泥水化过程中，均匀分散于孔隙和凝胶体中，起到填充毛细管及孔隙裂缝的作用，改善了孔结构，提高了水泥石的密实度。另一方面，未参与水化的颗粒分散于凝胶体中起到骨料的骨架作用，进一步优化了凝胶结构，从而改善混凝土的宏观综合性能。

经单独粉磨的矿粉，表面粗糙度小于水泥颗粒，因此也具有一定的形态效应，起到减水作用，使混凝土流动性提高。

2. 矿粉对泡沫混凝土性能的影响

（1）对胶凝材料浆体的影响。

一般情况下，矿粉本身并不具有减水作用；但由于矿粉能减小胶凝材料浆体的屈服应力，因此，可以在一定程度上改善胶凝材料浆体的流动性。当采用联合粉磨工艺时，特别是经过超细粉磨，矿粉颗粒的棱角大都磨圆，颗粒形态近似于卵石，圆度为 0.2 ~ 0.7，而且，颗粒直径越小，越接近于球体，从而增大浆体的流动性。但是，由于矿粉比表面积大，需水量也随之增大。

（2）对抗压强度的影响。

由于矿粉的水化活性不及水泥，其中的活性物质 SiO_2，CaO 和 Al_2O_3 含量较低，当掺量较大时，会引起胶凝材料水化反应变慢及凝胶体的减少。同时水化程度也会受到影响，从而导致泡沫混凝土的早期强度降低。

（3）对干密度的影响。

有研究表明，掺入矿粉后，对泡沫混凝土的干密度影响小，也就是说，掺入矿粉对泡沫没有负面影响，不会造成泡沫的破裂而导致密度增大。

1.2.3 硅 灰

硅灰（silica fume）是指在冶炼硅铁合金或工业硅时，通过烟道排出的硅蒸汽氧化后，经收尘器收集到的以无定型二氧化硅为主要成分的粉末状产品。

硅灰的火山灰活性数可高达 110%，这与其化学成分有关。硅灰中 SiO_2 的质量分数很高，在 90% 以上，这种 SiO_2 是非晶态、无定型的，易溶于碱溶液中，在早期即可与 $Ca(OH)_2$ 反应，可以提高混凝土的早期强度。生成的水化硅酸钙凝胶钙硅比小，组织结构致密。由于硅粉具有独特的细度，小的球状硅粉可填充于水泥颗粒之间，使胶凝材料具有更好的级配，低掺量下，还能降低水泥的标准稠度用水量。但因其比表面积大，吸附水分的能力很强，掺量高时，将增加混凝土的用水量，需水量比约为 134%，通常掺加高效减水剂来补偿需水量的增加,综合考虑混凝土的性能和生产成本,一般情况下硅灰对水泥的取代率是水泥质量的 5% ~15% ,超过 20% 水泥浆将变得非常黏稠。硅粉的密度虽为 $2.1 ~2.3 \ g/cm^3$,松堆密度却只有 $0.18 ~0.23 \ g/cm^3$,其空隙率高达 90% 以上,如不经过处理,将很难包装和运输。

硅灰对泡沫混凝土性能的影响如下:

(1)对胶凝材料浆体的影响。

由于硅灰的比表面积大,因而掺入硅灰使胶凝材料浆体流动性显著降低,黏聚性和保水性提高。虽然球状体具有形态效应,但与比表面积增大相比,吸附水量的增加作用超过了形态效应。随着硅灰掺量的增加,达到同样流动度所需用水量也随之增加。

(2)对成形水胶比的影响。

由于硅灰比表面积较大,需水量较多,掺入硅灰后浆体达到同样流动度所需用水量增加,因而导致泡沫混凝土成形水胶比增加。

(3)对抗压强度的影响。

有研究表明,掺入硅灰可以提高泡沫混凝土的早期强度,但后期强度发展较慢。

(4)对吸水率的影响。

由于硅灰比表面积较大,表现出较高的需水量,因此掺入硅灰会使泡沫混凝土的吸水率显著增加。

(5)对抗冻性的影响。

由于硅灰活性较高,使得水泥水化加快,导致泡沫混凝土中形成较大的内应力。在正负温冻融交替作用下,内应力进一步发展,不利于抗冻性的改善。另外 ,由于掺入硅灰使得水胶比增加也不利于改善泡沫混凝土的抗冻性。因此,掺入硅灰虽然能够提高泡沫混凝土的早期强度,但其抗冻性较不掺要差。

1.3 发 泡 剂

通常所谓的发泡剂均是物理发泡剂,物理发泡剂是指能使其水溶液在机械作用力引入空气的情况下,产生大量稳定泡沫的一类物质。用于泡沫混凝土的发泡剂制备出的泡沫需要具有良好的稳定性,并且气孔孔径大小均匀。物理发泡剂都是表面活性剂或者表面活性物质,因此具有较高的表面活性,能有效降低液体的表面张力,并在液膜表面双电子层排列而包围空气,形成气泡,再由单个气泡组成泡沫。

但随着泡沫混凝土制备工艺的发展,近年来出现了通过化学反应在新拌料浆中产生气体的制备方法,这与加气混凝土非常类似。但化学发泡泡沫混凝土中的气孔独立封闭存在,并采用自然养护,又与加气混凝土显著不同。这种混合到胶凝材料浆体中通过化学反应生成气泡的物质,称为化学发泡剂。

物理发泡剂和化学发泡剂的发泡原理不同,下面将分别介绍。

1.3.1 物理发泡剂

物理发泡剂大致可以分为松香树脂类、合成表面活性剂类、蛋白质类、复合类、其他类 5 个类型。

1. 松香树脂类发泡剂

松香树脂类发泡剂均是以松香作为主要原料制成,应用最早也最为普遍。松香的化学结构比较复杂,其中含有松香脂酸类、芳香烃类、芳香醇类、芳香醛类及其氧化物等,分子式可以表示为 $C_{20}H_{30}O_2$。

松香树脂发泡剂又名引气剂,它的主要品种有松香皂和松香热聚物两种,最初均是作为混凝土砂浆引气剂来开发应用的,后来扩展应用为泡沫混凝土的发泡剂。

(1)松香皂。

因松香中具有羧基(—COOH),加入碱后,会产生皂化反应生成松香酸皂,故取名为松香皂。它的主要成分是松香酸钠,属于阴离子表面活性剂的范畴。其化学结构式为:

$$H_3C \quad COOH$$

松香皂是一种棕褐色透明状膏体;含水量约 22%,加水稀释后为透明澄清液,不浑浊,无沉淀,有松香特有的气味,pH 为 8~10,表面张力约为 $(2.9 \sim 3.1) \times 10^{-2}$ N/m。

松香皂是 20 世纪 30 年代最先由美国研制开发的。我国从 20 世纪 50 年代起仿制生产松香皂,并应用于佛子岭、梅山、三门峡等大型混凝土水库大坝和一些港口工程的混凝土,以增加混凝土中的微气孔来提高抗渗性和抗冻性。当泡沫混凝土兴起后,它又开始作为发泡剂使用。

松香皂的主要技术性能见表 1.3。

表 1.3　松香皂的技术性能

有效成分	pH	发泡倍数	1 h 泌水量/mL	1 h 沉降距/mm	泡沫半消/min	泡沫全消/h
>70%	7 ~ 9	27 ~ 28	110 ~ 120	29 ~ 34	>40	>5

松香皂的技术特点是生产工艺简单,成本低,价格低,发泡倍数和泡沫稳定性一般,其突出优点是与水泥相容性好,可与水泥中的 Ca^{2+} 反应,生成不溶性盐,泡沫稳定性增加,有一定的增强作用。和合成类表面活性剂相比,它对泡沫混凝土的强度提高更有利。由于其泡沫稳定性和发泡倍数均不是太好,因而它只能用于制备密度大于 600 kg/m³ 以上的高密度泡沫混凝土,而不能用于 500 kg/m³ 以下的低密度泡沫混凝土。它价格虽然较低但用量较大。

另外,松香皂在使用时需要加热溶解,比较麻烦,不如其他发泡剂使用简便。松香皂可以作为一种低档次发泡剂使用,在泡沫混凝土技术要求不高时可以选用。

(2)松香热聚物。

松香热聚物是世界上出现最早的发泡剂,由美国于 1937 年首创,称为"文沙(Vinso)"树脂,1938 年获得专利,它是发泡剂的始祖。文沙树脂最早是由松树的根部含木松香的浸出物经过精制过程而得到的副产品。其性质与松香皂很相近。它最初的应用是以产生的微小气泡(称微沫)来改善混凝土的保水性、水工工程的抗渗、寒冷地区路面及大坝施工的抗冻等。日本于 20 世纪 40 年代从美国引进"文沙"技术,由山宗化学株式会社生产,并用于日本著名的奥只见坝、田子仓坝等大型水工工程。此后,世界各国也纷纷引进或模仿"文沙"生产技术,使松香热聚物在世界范围内广泛应用,并使其由引气剂延伸为发泡剂,用途更加广泛。

我国于 20 世纪 50 年代开始生产松香热聚物作为引气剂用于混凝土和砂浆,后又用于泡沫混凝土。它是我国 20 世纪后半叶的主要引气剂和发泡表面活性剂品种。

和松香皂相比,松香热聚物的产量和用量都要低得多,不如松香皂受欢迎。这主要是因为松香热聚物的性能与松香皂大体相当,但它的生产成本和价格却较高。另外,它的生产以苯酚为原料,而苯酚有毒性,有生产安全问题和环境问题,因而推广受到限制。

2.合成表面活性剂类发泡剂

继松香类发泡剂之后,我国在 20 世纪后期,开发了各种合成表面活性剂类发泡剂,并在近几年成为发泡剂的主流产品。目前,市场上出售的大部分商品水泥发泡剂,均是合成表面活性剂类,约占发泡剂总产销量的60%。

由于合成表面活性剂类发泡剂种类繁多,可以由离子性质分类,如图1.1所示。

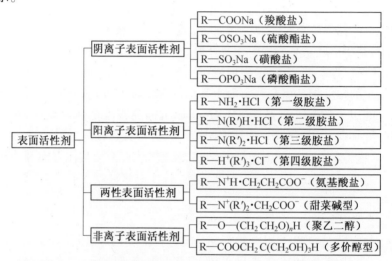

图 1.1　离子型界面活性剂的分类与结构(R 为疏水性基团)

在各种合成表面活性剂类发泡剂中,阴离子型发泡剂因发泡快且发泡倍数大而受到普遍的欢迎。阳离子型发泡剂价格很高且对水泥的强度有一定影响,所以应用不多。非离子型发泡剂的发泡倍数一般较小,而一般生产者多看重发泡能力,所以它也没有得到广泛应用。两性离子型发泡剂由于成本相当高,虽发泡尚可,也应用不多。下面仅就应用较多的阴离子型表面活性剂做详细介绍,对非离子型表面活性剂也做简述。

(1)阴离子型表面活性剂。

阴离子型表面活性剂可用作发泡剂的有十多种,但最常用、成本最低、最易得的是烷基苯磺酸盐类,其代表是十二烷基苯磺酸钠。十二烷基苯磺酸钠由苯环上带一个长链烷基的烷基苯,用浓硫酸、发烟硫酸或液体三氧化硫作为磺化剂而制得。实践发现,烷基的碳原子数以接近 12 时最为合适,性能最好。

十二烷基苯磺酸钠的合成工艺较为简单,目前主要以丙烯为原材料聚合成丙烯四聚体-十二烯($C_{12}H_{24}$),然后再与苯共聚成十二烷基苯复杂混合物,经发烟硫酸磺化成十二烷基苯磺酸,并用氢氧化钠中和成钠盐。

烷基苯磺酸钠的外观为白色或淡黄色粉末或片状固体,易溶于水而成半透明溶液,对碱和稀酸较为稳定,240 ℃发生分解。

烷基苯磺酸钠的表面张力约为 2.96×10^{-2} N/m,具有很高的表面活性,在很低的浓度下,也会有良好的发泡力。如在质量分数为 0.05% 时的发泡力为 84 mm,甚至更低的浓度也能发泡。而且,它的起泡速度很快,可以瞬间起泡,泡沫量大而丰富。高泡型表面活性剂在发泡得当的情况下,它的起泡高度可大于 200 mm。

起泡快,泡沫量大,这是烷基苯磺酸钠的突出优点,也是它受到一些人欢迎的主要原因。

但是,正如许多合成表面活性剂类发泡剂一样,烷基苯磺酸钠的泡沫起得快,但消得也快,泡沫稳定性较差,泡沫发起之后,几十分钟就会全部消失,想保留下来不容易。即使配合稳泡剂并采取其他技术措施,它的泡沫在 30 min 左右也会消失大半。

我国的现有发泡剂之所以大多稳定性差,低密度的泡沫混凝土难以生产,其重要原因就是国产的许多发泡剂均是阴离子型表面活性剂,有着和烷基苯磺酸钠相似或相同的性能特点。

(2)非离子型表面活性剂。

用作混凝土或水泥发泡剂的合成表面活性剂,主要是聚乙二醇型,它由含有活泼氢原子的憎水原料和环氧乙烷发生加成反应而制得。

羟基、羧基、氨基以及酰胺基等基团上的氢原子,都具有较强的化学活性。含有上述原子的憎水材料都可以与环氧乙烷生成聚乙二醇非离子型表面活性剂。例如,由烷基酚与环氧乙烷进行加成反应即可制得烷基聚氧乙烯醚。

当参加聚合反应的环氧乙烷比例越大时,生成的表面活性剂的水溶性就越好。

烷基酚、脂肪酸、高级脂肪胺或是脂肪酰胺也易于与环氧乙烷进行加成反应制成表面活性剂。

非离子型表面活性剂是在水溶液中不能离解成离子的一类表面活性剂,目前它的产量和用量仅次于阴离子型表面活性剂。它大体有四个类型:醚型、酯型、醚酯型和含氮型。

由于非离子型表面活性物分子中的低级性基团端没有同性电荷的排斥,彼此间极易靠拢,因而它们在溶液表面排列时,疏水基团的密度就会增加,相应减少了其他的分子数,溶液的表面张力则降低,表面活性增加,因而有一定的起泡能力。也正是因为它的疏水基团在水溶液表面排列密集,使水溶液所形成的气泡液膜比较密实坚韧,不易破裂,所以它的泡沫稳定性优于烷基苯磺酸钠等阴离子型表面活性剂,但发泡能力远不如阴离子型。由于许多生产者对发泡剂是先看起泡性,故非离子型表面活性剂往往会因起泡能力不强而不被选用。

3. 蛋白质类发泡剂

蛋白质类发泡剂是目前的高档发泡剂,性能较好,发展前景也较好。从发展的总趋势看,它在近几年的应用当中占有越来越大的比例。

蛋白质类发泡剂是一类表面活性物质,它们共同的突出优点是泡沫特别稳定,可以长时间不消泡,完全消泡的时间大多长于 24 h,是其他类型的发泡剂望尘莫及的。另外,还有着比较满意的发泡倍数。虽然它的发泡能力不如合成类阴离子表面活性剂,但也居中等水平。因此,目前发达国家的发泡剂基本上以蛋白质类为主。

蛋白质类发泡剂从原料成分划分,有植物蛋白和动物蛋白两种。植物蛋白因植物原料的品种不同,分为茶皂型和皂角苷类等;动物蛋白又分水解动物蹄角型、水解毛发型、水解血胶型三种。

(1)植物蛋白发泡剂。

由于原料充足,目前我国的植物蛋白发泡剂已经有一定规模的生产和应用。其主要品种为茶皂素和皂角苷,它们均属于非离子型表面活性物。

①茶皂素发泡剂。

茶皂素是从山茶科茶属植物果实中提取的皂贰,为一种性能优良的天然的非离子型表面活性物。1931 年日本首先从茶籽中分离出来茶皂素,1952 年才得到茶皂素晶体。我国于 20 世纪 50 年代末期开始进行研究,到 1979 年才确定了工业生产的工艺。

皂贰质量分数在 80% 以上的产品,为淡黄色无定型粉末,pH 为 6~7;茶皂素的纯品为无色细微柱状晶,熔点为 224 ℃;皂贰的质量分数在 40% 以上的产品,为棕红色油状透明液体,pH 为 7~8。

水溶液中的茶皂素有很强的起泡力,即使在浓度相当低的情况下,仍有一定的泡沫高度。如将浓度提高,泡沫不仅持久,而且相当稳定,例如 0.05% 的茶皂素水溶液振荡后,产生的泡沫经 30 min 不消散,而 0.06% 的上等肥皂水溶液产生的泡沫 14 min 就消散了。

经提纯的茶皂素味苦,辛辣,有一定的溶血性和鱼毒性,在冷水中难溶,在碱性溶液中易溶。它对水的硬度极不敏感,其泡沫力不受水的硬度的影响;它的气泡能力因浓度的增加而提高。表 1.4 是茶皂素不同质量分数时的气泡高度。

表 1.4 茶皂素不同质量分数时的起泡高度

质量分数/%	起始高度/mm	5 min 高度/mm
0.05	68	65
0.10	86	86
0.25	113	113

　　茶皂素所产生的泡沫具有优异的稳定性,长时间不消泡,2 880 min(48 h)仍能保持 14 mm 的泡沫高度(质量分数为 0.005% 的溶液),这是合成阴离子或非离子型表面活性剂无论如何也难以达到的。表 1.5 是不同质量分数的茶皂素泡沫在不同时间的稳泡高度。从表中可以看出,它的泡沫消散是十分缓慢的,稳定性相当好。

表 1.5 不同质量分数的茶皂素泡沫在不同时间的稳泡高度　　　　　　mm

时间/min ＼ 质量分数/%	0.01	0.005	0.001
15	80	75	23
120	69	72	22
420	51	58	22
870	26	47	22
2 880	9	14	5

　　茶皂素的发泡高度与合成非离子或阴离子型表面活性剂相比,是偏低的,但它的稳定性却是合成非离子型或阴离子型表面活性剂无法相比的。表 1.6 是不同发泡剂稳泡性的比较,由表中可以看出,茶皂素有很高的泡沫稳定性。

表 1.6 不同发泡剂稳定性比较

品名	发泡高度/mm	5 min 高度/mm	10 min 高度/mm
茶皂素	78	77	75
松香皂	130	121	105
烷基磺酸钠	160	135	118
聚乙二醇醚	84	51	30

　　如果茶皂素的发泡能力得到改进,达到或超过烷基磺酸钠的水平,那么它的性能将会更加优异,用途也将更加广泛。目前,影响它大面积应用的主要原因是它的起泡性仍不够理想,有待提高。加入增泡剂可以提高茶皂素的起泡能力,使起泡高度不低于烷基磺酸钠。

②皂角苷型发泡剂。

皂角苷型发泡剂的主要成分是三萜皂苷,是多年生乔本科树木皂角树果实中的提取物,也属于非离子型表面活性剂,它具有很好的发泡性能。

三萜皂苷由单糖、苷基和苷元基组成。苷元基由两个相连的苷元组成,一般情况下一个苷元可以连接 3 个或 3 个以上的单糖,形成一个较大的五环三萜空间结构。

单糖基中的单糖有很多羟基能与水分子形成氢键,因而具有很强的亲水性,而苷元基中的苷元具有亲油性(憎水剂)。三萜皂苷属非离子型表面活性剂。当三萜皂苷溶于水后,大分子被吸附在气液界面上,形成两种基团的定向排列,从而降低了气液界面的张力,使新界面的产生变得容易。若使用机械方法搅拌溶液,就会产生气泡,且由于三萜皂苷分子结构较大,形成的分子膜较厚,气泡壁的弹性强度较高,气泡能保持相对的稳定。皂角苷型发泡剂主要技术性能见表 1.7。

表 1.7　皂角苷型发泡剂主要技术性能

指标 项目	外观	活性物含量	表面张力/(N·m⁻¹)	水溶性	起始泡沫高度/mm	pH	固含量	相对密度
Ⅰ型	黄色粉末	≥60%	3.286×10⁻²	溶于水	≥180	5.0 ~ 7.0	—	—
Ⅱ型	褐色粉末	≥30%					≥50%	≥1.14

皂角苷不但起泡力较好,而且它与茶皂素相似,具有优异的稳泡性能,其泡沫高度 24 h 仅下降 28%,而同时试验观察的合成类稳定性好的表面活性剂发泡剂的泡沫早已完全消失。皂角苷的泡沫下降是匀速的,皂角苷型发泡剂泡沫稳定性见表 1.8。

表 1.8　皂角苷型发泡剂的泡沫稳定性

质量分数/%	气泡容量/mL	5 min 后泡沫容量/mL	泡沫稳定性/%	pH
0.4	52	47	90.4	6.89
0.65	61	55	90.2	6.37
0.8	67	61	91.0	6.01
1.3	73	69	94.5	5.49

皂角苷的起泡力与温度有关,在温度从 20 ℃升至 90 ℃时,起泡力呈直线上升,这充分说明升温可以促进起泡。但是温度也促进消泡,温度越高则泡沫消失速度就越快,以放置 5 min 为例,40 ℃时下降了约 2.9%,80 ℃时下降了

8.7%,90 ℃时下降了 19.3%。

皂角苷的发泡能力和稳定性受外界条件的影响很小,对使用条件要求不严格。首先,它的起泡力几乎不受水质硬度影响而改变,它可以在水质硬度范围相当大的区域内使用,而许多合成类阴离子型表面活性剂却很易受到水质硬度的制约,水质硬度略有偏高,起泡力和泡沫稳定性就会下降,甚至不发泡。其次,皂角苷也不受 pH 的影响,在 pH 为 4～6 时,皂角苷的发泡保持正常,稳定性依旧。而合成的一些阴离子型表面活性剂,在酸性条件下会立即分解成脂肪酸和盐,失去了活性,不易起泡或根本不起泡。

由于皂角苷的稳定性优异,因而它的气泡不易合并和串联,所以它产生的泡沫和最终在混凝土内形成的气孔均是独立和封闭的,分布均匀、不会产生大泡,泡沫的形态和结构十分理想。由于分子结构大,在气泡表面定向排列后形成的分子间氢键作用力强,液膜黏度大且韧性好,其泡沫稳定细密。

由于我国皂角树资源没有茶树资源丰富,因而皂角苷的生产规模没有茶皂素大。

(2)动物蛋白发泡剂。

动物蛋白发泡剂的性能和植物蛋白发泡剂比较相似,发泡能力和稳泡性与植物蛋白大体相当。但因其原材料资源不如植物蛋白广泛,因而总的生产规模及应用量都不如植物蛋白。不论何种动物蛋白发泡剂,存在的普遍不足是价格高(目前为 1.6～1.8 万元/吨)、发泡倍数低于合成阴离子类发泡剂,因而用量较大,发泡成本偏高。

由于动物蛋白发泡剂特别稳定,最适宜生产超低密度泡沫混凝土,特别是密度为 200～500 kg/m³的超轻质泡沫混凝土制品,在一般情况下,密度在 600 kg/m³以上的泡沫混凝土较易生产,而密度在 500 kg/m³以下的较难生产,密度在 300 kg/m³以下的更难生产,而使用动物蛋白发泡剂,则很容易实现泡沫混凝土的超低密度。因为即使在水泥用量极少,泡沫掺量极高时,也不易消泡塌模,浇筑稳定性仍然十分好。它的这种特性,决定了它虽然价格高且发泡倍数略低,但是仍有非常广阔的应用前景。但动物蛋白发泡剂与其他发泡剂相比,多少有些缓凝,因此与其他类型发泡剂复合使用时应引起注意。

动物蛋白发泡剂由于多用动物蹄角或废毛生产,因而有一种刺激的气味,目前还没有办法完全除去。随着技术的发展,在将来可能会有所改善。

动物蛋白发泡剂主要有动物蹄角、废动物毛、动物血胶三大类。

①动物蹄角发泡剂。这类发泡剂是以动物(牛、羊、马、驴等)蹄角的角质蛋白为主要原材料,采取了一定的工艺提取脂肪酸,再加入盐酸、氯化镁等助剂,经加热溶解、稀释、过滤、高温脱水而得到的高档表面活性物。外观为暗褐色液体,有一定的腐味,pH 为 6.5~7.5。

动物蹄角发泡剂在动物蛋白发泡剂中是性能最好的一种,泡沫最稳定,发出的泡沫保存 24 h 仍有大部分存留。这主要是因为动物角质所形成的气泡液膜十分坚韧、富有弹性,受外力压迫后,可立即恢复原状,不易破裂。所以用它生产泡沫混凝土的气孔,大多是封闭球形,连通孔很少。其主要技术性能见表 1.9。

表 1.9 动物蹄角发泡剂的技术性能

项目	性能	项目	性能
外观	暗褐色液体	挥发有机物含量/$(g \cdot L^{-1})$	≤50
pH	6.5~7.5	游离甲醛含量/$(g \cdot kg^{-1})$	≤1
密度/$(g \cdot cm^{-3})$	1.1±0.05	苯含量/$(g \cdot kg^{-1})$	≤0.2
发泡形态	坚韧半透明	发泡倍数	>25
吸水率/%	<20	1 h 泌水量/mL	<35
起泡高度/mm	>150	1 h 沉降距/mm	<5

②动物毛发泡剂。动物毛发泡剂是采用各种动物的废毛的原料经提取脂肪酸,再加入各种助剂反应而成的表面活性物。动物废毛可采用猪毛、马毛、牛毛、鸡毛、驴毛等,也可采用毛纺厂的下脚料或者废品收购站的废毛织品如毛毯、毛衣等,只要含毛率达 90% 以上均可采用。其外观为棕褐色液体,有焦烟毛发味,pH 为 7~8。

这种发泡剂和上述动物蹄角发泡剂相比,起泡性能及稳泡性能均略差一些,但差别不是很大,技术性能大体相当,也属于优质高档发泡剂。它的起泡能力和松香树脂类及合成表面活性剂相比,要低一些,但泡沫稳定性要比其他发泡剂好得多。它的最大优点就是稳泡性好,适宜生产超低密度泡沫混凝土产品。表 1.10 是动物毛发泡剂与其他发泡剂性能的比较。

表1.10 动物毛发泡剂与其他发泡剂性能的比较

泡沫剂品种	十二烷基苯磺酸钠		松香皂		松香热聚物		动物毛发	
质量分数/%	0.5	1	1	2	1	2	2	3
发泡倍数	27	32	28	29	25	26	20	22
1 h 泌水量/mL	150	140	120	110	140	120	60	40
1 h 沉降距/mm	50	38	34	29	38	33	8	5

为了克服动物毛发泡剂发泡倍数低、用量大、发泡成本高等不足,可对它们进行改性。改性方法是加入增泡剂,并可以复合其他发泡剂,另外还可以加入少量稳泡剂等。

③动物血胶发泡剂。这种发泡剂是以动物鲜血为原料,通过水解、提纯、浓缩等工艺加工而成。因为动物血价格较高,又是食品,故资源有限,发泡剂的生产成本较高。所以,它的实际生产和应用都比前两种少,缺乏竞争优势。

4.复合类发泡剂

综合分析前述三大类发泡剂,虽然目前应用较广,但是都存在性能不够全面,不能满足实际泡沫混凝土生产需要的弊端,没有一种能完全达到泡沫性能的技术要求。这表现在松香树脂类起泡力与泡沫稳定性均较低,阴离子表面活性剂虽然起泡力很好但稳泡性太差,蛋白类发泡剂稳定性好但起泡力低。这就是目前我国发泡剂总体水平低,质量不高的重要原因。

解决上述单一成分发泡剂性能不佳的唯一方法就是走复合改性的道路,生产或配制复合型发泡剂。未来的发泡剂,大多数将是多元复合类的,单一成分的会越来越少。

混凝土外加剂的复合是一个趋势,因为单一品种制剂即使性能再优异,它也不可能满足越来越严格的技术要求。

(1)复合方法。

①互补法。当多元复合时,各组分都有各自的优势,可以实现优势互补,把单一成分最欠缺的东西补救起来,使不完善的性能完善。例如,某种发泡剂发泡能力强但不稳定,可以用稳定性好的发泡剂来帮助它实现稳定;它成本较高,可以在不损害性能的前提下以低成本的成分来复合,降低它的成本。

②协同法。有时,多元复合虽不能互补,但可以协同。本来,二者或三者的性能在某一方面都不够好,但当多元复合之后,就可以产生协同效应,使效果大大增强。协同效应是各种外加剂最常用的技术原理,效果非常明显。

③增效法。有些单一成分的发泡剂在某一方面的效果不好时,可以使用增效成分来加强,使它由劣变优。例如,蛋白质类发泡剂普遍发泡能力较低,

是它的弱点,可以加入增泡剂来加强它的起泡力。在加入增泡剂之后,它的泡沫量至少可提高30%,基本上可以满足发泡倍数的技术要求。各种发泡剂都可以用增效方法来提高它在某一方面的性能。

④增加功能法。有些发泡剂的功能少,缺乏我们生产的某一方面的功能需要,这也可以通过加入外加剂的方法来解决。例如,有些泡沫混凝土要求憎水性强,但一般发泡剂均无憎水性,可以在发泡剂中加入既有助于发泡又有憎水性的外加剂,让它生产的泡沫混凝土具有憎水功能,其他的功能,也可以通过这种方法来实现。

(2)复合外加剂的组分。

复合外加剂的基本组分有以下几个。这几个组分并不是每种发泡剂都要齐全的,可以根据实际需要来确定。

①基本组分。复合外加剂的基本组分也就是各种单一成分的发泡剂。它可以是一种或多种,其在复合发泡剂中的比例应大于80%。

②外加剂组分。外加剂组分可以有多个,其在复合发泡剂中的总比例应小于20%。它可以由以下几个部分组成。

a. 增泡组分。主要增强发泡剂的发泡能力,可以是一种或几种增泡剂。

b. 稳泡组分。主要提高泡沫的稳定性,可以是一种或数种稳泡剂。

c. 功能组分。主要增加发泡剂的各种功能,可以是一种或几种功能成分,具体种类应根据功能要求来确定。

d. 调解组分。主要调节发泡剂的其他性能,使它更符合发泡要求,它可以是一种或多种调节材料。

5. 其他类发泡剂

除了上述四种类型的主要发泡剂之外,还有一些其他种类的发泡剂。这些发泡剂的生产和应用目前都较少,在泡沫混凝土领域的影响也不大。但为了让大家对发泡剂有一个全面了解,我们还是对其做简略的介绍。

①石油磺酸铝发泡剂。这种发泡剂是用煤油作为促进剂,以硫酸铝作为主要原料,再加入其他辅助原料,经一定工艺和反应过程制取的。它的起泡性和泡沫稳定性一般,没有太多优势,总体的发泡效果不及松香皂。

②造纸废液发泡剂。造纸废液发泡剂是以造纸厂排放的废液为原料,加以浓缩、净化、改性处理等工序所制成的环保型发泡剂。其优点是成本低,有利环保,但发泡能力较低,泡沫稳定性虽经增强也仍不够理想。这种发泡剂还有待以后继续改进和探索。

③丙烯酸环氧酯发泡剂。这种发泡剂是近年开发的合成发泡剂。它以丙

烯酸、环氧树脂为主要原料,合成丙烯酸环氧酯树脂,然后辅以其他化工原料,通过化学、物理方法改性而制成。它的外观为棕褐色黏性液体,pH 约为 10。

这种发泡剂主要组分保持着原有的丙烯酸环氧酯的长链结构,经改性处理后,分子主链上的部分憎水基团变为亲水基团。因基团性能的改变,使得其溶于水后降低了溶液的界面张力,起泡能力较强。由于丙烯酸环氧酯分子仍能保持长链大分子结构,这种发泡剂有助于提高气泡的弹性和强度,所以泡沫的稳定性较好。它在混凝土内形成的气孔分布均匀,且多为球形封闭孔,泡径很小(10 ~ 250 μm)。因目前仍处于试验研究阶段,大量应用还须时日。

表 1.11 为丙烯酸环氧酯发泡剂的技术性能。

表 1.11 丙烯酸环氧酯发泡剂的技术性能

性能	指标	性能	指标
固体质量分数/%	20±2	黏度/(mPa·s)	5.67
相对密度	1.10±0.02	表面张力/(N·m^{-1})	3.692×10^{-2}
pH	10±1	外观	棕褐色液体

④磷酸酯。磷酸酯的发泡力与烷基链长短有关。C_7-C_9 醇磷酸酯的发泡力比 C_{10}-C_{18} 醇磷酸酯高,但后者泡沫稳定性较好。混合磷酸酯的泡沫性质见表 1.12。

表 1.12 混合磷酸酯的泡沫性质(1% 水溶液)

样品 泡沫/mm	C_7-C_9 醇磷酸酯				C_{10}-C_{18} 醇磷酸酯			
	钾盐	钠盐	单酯	双酯	钾盐	钠盐	单酯	双酯
初始高度	410	390	420	375	124	101	97	119
10 min 后高度	280	303	308	280	105	85	80	101
稳定性	0.58	0.77	0.73	0.73	0.85	0.83	0.82	0.84

与其他表面活性剂相比,磷酸酯的发泡力低于磺酸盐和硫酸盐。表 1.13 列出了某些单烷基磷酸酯(C_nMAP)的泡沫数据,从表中可以看出,磷酸酯的二钠盐的发泡力低于一钠盐,其原因是由于二钠盐的表面张力高,一钠盐的表面张力低。

表 1.13 某些单烷基磷酸酯的泡沫数据

样品	浓度/(mol·L⁻¹)	泡沫/mm	稳定性/%	泡沫密度/(g·cm⁻³)
C_{10} MAP 一钠盐	0.005	44	52.3	0.046
C_{12} MAP 一钠盐	0.005	213	87.8	0.117
C_{12} MAP 二钠盐	0.005	0	—	—
C_{14} MAP 一钠盐	0.005	195	86.2	0.139
C_{14} MAP 二钠盐	0.005	200	83.0	0.130
C_{16} MAP 一钠盐	0.005	50	74.0	0.040
C_{14} 皂	0.005	249	85.1	0.161

6.物理发泡的性能指标与检测方法

根据建材行业标准《泡沫混凝土》(JG/T 266—2011)的规定,发泡剂的性能指标与检测方法见表 1.14。

表 1.14 发泡剂性能指标

项目	指标
发泡倍数	>20
沉降距/mm	<10
泌水量/mL	<80

(1)《泡沫混凝土》(JG/T 266—2011)中的检测方法。

①发泡倍数试验方法。采用容积为 250 mL,直径为 60 mm 的无底玻璃桶,将制成泡沫注满无底玻璃桶内,两端刮平,确定其质量。发泡倍数 M 可按下式计算:

$$M = \frac{V}{(G_2 - G_1)/\rho} \tag{1.1}$$

式中　M——发泡倍数;

　　　V——玻璃桶容积,mm³;

　　　ρ——泡沫剂水溶液密度,g/mm³;

　　　G_1——玻璃桶质量,g;

　　　G_2——玻璃桶和泡沫质量,g。

②沉降距试验方法。沉降距用泡沫质量测定仪进行检测,如图 1.2 所示。该仪器由容器、玻璃管和浮标组成。容器上口直径为 200 mm,深 160 mm,容积为 5 000 mL,底部有孔。玻璃管与容器的孔相连接,玻璃管直径为 14 mm,长度为 700 mm,底部有小龙头。浮标是一块直径为 190 mm,质量为 25 g 的圆形铝板。

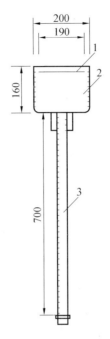

图 1.2 泡沫质量测定仪器
1—容器;2—浮标;3—玻璃管

将被检的已发泡的泡沫在 30 s 内装入泡沫质量测定仪的容器内,并沿容器上口刮平,将浮标轻轻放在泡沫上,开始计时,测定 1 h 泡沫的沉陷距。

③泌水量试验方法。用泡沫质量测定仪器测定泌水量。根据量管上的刻度,测定 1 h 由破裂泡沫所分泌出的水量(mL)即泌水量。

(2)其他方法。

下面介绍几种其他影响较大,并且较简便的技术指标及测试方法,供读者试验或生产时参考。

①用泡沫沉降距衡量泡沫稳定性。泡沫发生后,取内径为 6 cm,高 9 cm 的容器(或用尺寸相近容积约为 250 cm³ 的容器),盛满新发生的泡沫,刮平表面,在泡沫上覆一张纸,平静地放在无风处,40 min 后量取泡沫沉降距。

②用泡沫高度衡量起泡力。取一定量的发泡剂,加一定量的水配成溶液,用 60-2F 型电动搅拌机中速搅拌 10 min,量取泡沫高度。

③以起泡高度及消泡时间来判定发泡剂质量。将 1 000 mL 量筒竖直放置,沿筒壁注入 200 mL 的待测引气溶液,注意不能产生气泡,封住筒口,30 s 颠倒共计 10 次后静置,立即使用直尺测量起泡高度(即泡沫最高处与液面之

间的距离),记录消泡时间,试验用溶液质量分数为 0.1%。

1.3.2　化学发泡剂

过氧化氢(H_2O_2)是化学发泡剂的代表,除此之外,铝粉、次氯酸盐、锌、镉、硫黄、氧化铁、硫化铁等都可以成为化学发泡剂。但这些物质因生产气体的性质、反应控制、经济性等原因应用较少。

另外,为充分发挥化学发泡剂的性能,可以利用反应促进剂,例如,对于过氧化氢发泡剂可以采用二氧化锰、高锰酸钾、甲酸等作为催化剂促进反应。采用铝粉时,可以用氢氧化钠、碳酸钠等碱性物质促进反应。表 1.15 是化学发泡剂种类和反应方程式的实例。

表 1.15　化学发泡剂种类和反应方程式

发泡剂的种类	化学反应	反应式
过氧化氢	与氧化剂反应生成氧气	$CaCl(ClO)+H_2O_2 \longrightarrow CaCl_2+H_2O+O_2 \uparrow$
铝粉	与碱反应生成氢气	$2Al+Ca(OH)_2+2H_2O \longrightarrow CaAl_2O_4+3H_2 \uparrow$ $2Al+2NaOH+2H_2O \longrightarrow NaAlO_2+3H_2 \uparrow$ (NaOH 作为发泡促进剂掺用)
电石	与水反应生成乙炔气	$CaC_2+2H_2O \longrightarrow Ca(OH)_2+C_2H_2 \uparrow$
碳酸氢钠	与盐酸反应生成二氧化碳	$NaHCO_3+2HCl \longrightarrow NaCl+H_2O+CO_2 \uparrow$
氯化铵	与消石灰反应生成氨气	$NH_4Cl+Ca(OH)_2 \longrightarrow CaCl_2+2H_2O+2NH_3 \uparrow$

化学发泡剂的掺量由泡沫混凝土的密度、用途等决定,对于水泥用量一般为 0.02% ~5%。

使用化学发泡剂应注意以下几个方面的问题:

①使用化学发泡剂时,必须考虑发泡剂种类不同所产生的离子、气体的种类,要注意产生氧和氯离子将加速钢筋的锈蚀。另外,产生二氧化碳会加速混凝土的碳化;另一方面,粉体发泡剂自身有粉尘爆炸和可燃性等性质,必须注意存放库的管理。

②泡沫混凝土制造时浆料中产生的气体造成密度差,向上部移动,必须注意上下密度差增大的倾向。为防止这一现象发生,有必要使用增黏剂、稳泡剂等助剂。料浆注入模具中后,发泡终止时仍显示流动性,脱泡带来体积沉降。相反,如果气体没发完就硬化,气泡形状呈扁平状态,分布也不均匀,这两种原因均造成密度不稳定的倾向。因此,考虑这些因素,调整硬化时间是非常必要

的。

③发泡剂是通过化学反应产生气体的,受温度影响较大,在高温时发泡量较大,低温发泡时应注意调整掺量。

1.4 外 加 剂

混凝土外加剂是在拌制混凝土过程中掺入,用以改善混凝土性能的物质。掺量不大于水泥的5%(特殊情况除外)。

在泡沫混凝土的生产制备过程中合理使用外加剂,可以获得多种改性功能以及技术经济效果。如:改善泡沫混凝土强度及其他物理力学性能、节约水泥、调节凝结硬化速度、提高耐久性、提高早期强度、缩短工期、节约能耗、加速设备的周转、提高生产率等。

但需要指出的是,外加剂在泡沫混凝土中的应用与普通混凝土有所不同,无论哪种外加剂,甚至不同厂家生产的同一品种的外加剂,对泡沫的稳定性都有可能产生不同程度的影响,甚至会导致泡沫的大量破灭。尤其一些外加剂在生产过程中为了某种需要而掺入消泡剂,这样的外加剂如果掺入泡沫混凝土中,将使泡沫破灭得更多,结果制备出的泡沫混凝土不但达不到设计密度,而且浪费原材料,增加了生产成本。因此,如需在泡沫混凝土中使用外加剂,应事先通过试验对其进行测试,确定对泡沫稳定性无不利影响或影响很小后慎用。

1.4.1 减水剂

减水剂属于表面活性物质,是一种表面活性剂。由于它的吸附分散作用、湿润作用和润滑作用,使用后可使工作性相同的新拌混凝土用水量明显减少,从而使混凝土的强度、耐久性等一系列性能得到明显改善。

减水剂按其减水塑化效果可分为普通减水剂和高效减水剂。普通减水剂的减水率和增强效果低,我国混凝土外加剂国家标准 GB 8076 规定其减水率应大于5%,高效减水剂的减水率和增强效果非常显著,减水率可以达到20% ~ 30%。

另外,减水剂按其对混凝土的引气性可分为引气型减水剂和非引气型减水剂;按其对凝结时间和混凝土的早期强度影响可分为标准型减水剂、缓凝型减水剂和早强型减水剂。

目前国内外品种繁多的减水剂按其主要化学成分可分为:木质素磺酸盐

及其衍生物、芳香族多环聚合物的磺酸盐、水溶性密胺甲醛树脂磺酸盐、高级多元醇磺酸盐、含氧有机酸盐、多元醇复合体、烷丙烯基磺酸盐、聚氧化乙烯烷基醚等。

1. 减水剂的主要作用

（1）配合比不变时显著提高流动性。

（2）流动性和水泥用量不变时，减少用水量，降低水灰比，提高强度。

（3）保持流动性和强度不变时，节约水泥用量，降低成本。

2. 减水剂的作用机理

减水剂均为表面活性剂，因此，它们的作用机理主要是表面活性作用，归纳起来主要有吸附-分散作用、润滑作用和湿润作用三个方面。

（1）吸附-分散作用。

掺用减水剂的混凝土与不掺减水剂的混凝土其水泥浆体的结构不同。在不掺减水剂的混凝土中，水泥加水搅拌后，浆体中有一些絮凝状结构，如图1.3所示。产生这种絮凝状结构的原因很多，可能是由于水泥矿物在水化过程中所带电荷不同，产生异性电荷相吸引而引起的；也可能是由于水泥颗粒在溶液中的热运动，在某些边棱角处相互碰撞，互相吸引而成的；还可能是粒子间的范德华力作用和初期水解水化反应引起的。在絮凝状结构中，包裹了很多游离水，从而降低了新拌混凝土的工作性。在混凝土的施工过程中，为了满足工艺对工作性的要求，必须增加相应的拌和用水量，从而影响了硬化后混凝土的物理力学性能。

混凝土中掺入减水剂后（图1.3（a）），减水剂的憎水基团定向吸附于水泥颗粒表面，亲水基团指向水溶液，构成单分子或多分子吸附膜，水泥颗粒吸附减水剂后，使水泥胶粒表面带有相同符号的电荷，在电性斥力作用下，阻止并减少了絮凝结构的形成，从而将絮凝状凝聚体内的游离水释放出来，达到减水的目的。

（2）湿润作用。

水泥加水拌和后，其颗粒表面被水湿润，湿润的状况对新拌混凝土的性能影响很大，湿润浸透作用是减水剂的重要作用，许多减水剂的化学结构中多含有与水分子亲和性好的氢氧基（—OH）和醚基（—O—）、氨基（—NH$_2$），高效引气型减水剂中这种结构较多。外加剂的吸附提高了水泥颗粒与水的亲和力，水分子进入水泥颗粒之间，从而阻止了水泥的凝聚。此外，许多普通减水剂降低水的表面张力，更有助于水泥颗粒的润湿，使水进入水泥颗粒间的细小孔隙中，水泥颗粒被分散，改善了混凝土的黏性，使混凝土的工作性得到改善。

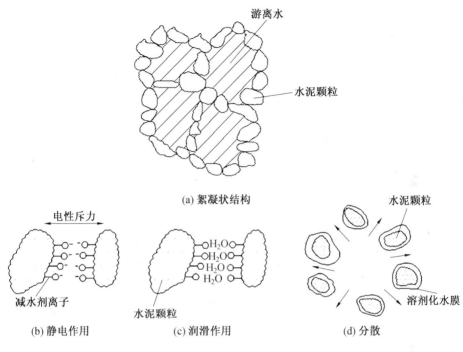

(a) 絮凝状结构

(b) 静电作用　　　　(c) 润滑作用　　　　(d) 分散

图 1.3　减水作用示意图

(3) 润滑作用。

在掺用减水剂的混凝土中,水泥加水拌和后,减水剂中的极性亲水基团定向吸附于水泥颗粒的表面,和水分子以氢键形式缔合起来。这种氢键缔合作用的作用力远远大于该分子与水泥颗粒间的分子引力。当水泥颗粒表面吸附足够的减水剂后,借助于 $R-SO_3^-$ 与水分子中氢键的缔合作用,再加上水分子间氢键的缔合,使水泥颗粒表面形成一层稳定的溶剂化水膜,阻止了水泥颗粒间的直接接触,并在颗粒中起润滑作用。

3. 常用减水剂

(1) 木质素系减水剂。

木质素系减水剂是全世界研究成功最早,目前产量最大,应用最广泛的减水剂。木质素系减水剂的原料丰富,价格低廉,并有较好的减水效果。该系列减水剂属于普通减水剂,常用的为木质素磺酸钙减水剂,简称木钙减水剂或 M 剂,它属于阴离子表面活性剂。M 剂中木质素磺酸钙占 60%,含糖量低于 12%,灰分占 14%,氧化钙占 8%,水不溶物占 2.5%,硫酸盐占 2% 左右。

木质素磺酸钙通常是以生产纸浆或纤维浆的废液,经石灰乳中和,生物发酵除糖之后,蒸发浓缩,再经热风喷雾干燥制成的。

由于木钙具有缓凝作用,因此,可以使混凝土的水泥水化热的释放速度明显延缓,放热峰值也显著下降;掺用减水剂的混凝土早期干燥收缩有所增加,但后期将会有所降低。此外,木钙对硬化后混凝土的抗冻性、抗渗性等均有显著的改善效果。

(2)萘系减水剂。

萘系减水剂是一种高效减水剂,为芳香族磺酸盐醛类缩合物,属于阴离子表面活性剂。

该系列外加剂国内主要有 NF 系列高效减水剂、UNF 系列高效减水剂、FDN 系列高效减水剂、SN-Ⅱ型系列高效减水剂、AF 高效减水剂等。混凝土中掺入水泥用量的 0.5% ~ 1.0% 的萘系减水剂,在保持水泥用量及坍落度相同的条件下,减水率可达到 15% ~ 25%,1 d 和 3 d 的混凝土强度可提高 60% ~ 90%,7 d 的混凝土强度可提高 40% ~ 60%,28 d 混凝土强度提高 20% ~ 50%,长期强度仍有提高。在相同水灰比情况下,可将新拌混凝土的坍落度提高 3 倍以上,流动性大,而且具有再塑性。在保持混凝土坍落度基本不变的情况下,掺用萘系高效减水剂可以节约水泥用量 10% ~ 20%,而混凝土的早期强度仍然高于不掺外加剂的基准混凝土。掺用萘系高效减水剂还可以显著改善混凝土抗冻融性、抗渗性和耐久性。

(3)水溶性树脂类减水剂。

水溶性树脂减水剂主要产品为磺化三聚氰胺甲醛缩合物的钠盐,属于阴离子系早强、非引气型高效减水剂。它的合成分单体合成、单体磺化和单体缩聚三个阶段。国产的磺化三聚氰胺甲醛树脂减水剂是由三聚氰胺、甲醛、亚硫酸钠以摩尔比 1∶3∶1,在一定反应条件下经磺化缩聚而成的。

三聚氰胺系减水剂和萘系高效减水剂一样,具有高减水率和增强效果。该类减水剂减水率在 15% ~ 30%,具有萘系高效减水剂一样的增强、流化效果,对蒸养的适应性强;可配制早强、高强混凝土。

(4)糖蜜型减水剂。

糖蜜的主要成分为低分子碳水化合物,略加处理可直接作为混凝土减水剂使用。糖蜜减水剂是利用制糖生产过程中提炼食用糖后剩下的残液,经过石灰中和处理调制成的一种粉状或液体状产品。主要成分为蔗糖化钙、葡萄糖化钙及果糖化钙等,属于缓凝型减水剂。

该类减水剂具有缓凝作用,能降低水泥初期水化热,可减水 5% ~ 10%,早强发展较慢,节省水泥 5% ~ 10%,28 d 抗压强度可提高 15% 左右。

（5）腐殖酸盐减水剂。

腐殖酸盐减水剂是一种高分子羟基芳基羧酸盐，属阴离子表面活性剂。腐殖酸分子是由几个相似的结构单元所组成的一个巨大的复合体。每个核都有一个或多个活性基团，以酚羟基、羧基、甲氧基为主，还有醌基、羰基等。这些活性基团的存在决定了腐殖酸的酸性、亲水性、阳离子交换性、结合能力以及较高的吸附能力。

该减水剂常用掺量为水泥质量的 0.2% ~ 0.3%，减水率为 8% ~ 13%，节省水泥 8% ~ 10%，减水后可提高 28 d 强度 10% ~ 20%。有一定引气性，混凝土含气量增加 1% ~ 2%，抗冻性、抗渗性均可提高，可以延缓水泥初期水化速度，放热峰值推迟 2 ~ 2.5 h，初凝和终凝时间延长 1 h。

（6）聚羧酸系减水剂。

聚羧酸系减水剂是由不同的不饱和单体，在一定条件的水相体系中，通过引发剂（如过硫酸盐）的作用，接枝共聚而成的高分子共聚物，它是一种新型的高性能减水剂。无论组成如何，聚羧酸系减水剂分子大多呈梳状结构。特点是主链上带有多个活性基团，并且极性较强；侧链上也带有亲水性活性基团，并且数量较多；疏水剂的分子链较短、数量少。

聚羧酸类减水剂在较低产量的情况下，对水泥颗粒具有强烈的分散作用，减水效果明显。这是因为该类减水剂呈梳状吸附在水泥颗粒表面，侧链伸入液相，从而使水泥颗粒之间具有显著的空间位阻斥力作用；同时，侧链上带有许多亲水性活性基团（如—OH、—O—、—COO⁻ 等），它们使水泥颗粒与水的亲和力增大，水泥颗粒表面溶剂化作用增强，水化膜增厚。因此，该类减水剂具有较强的水化膜润滑减水作用。由于聚羧酸系减水剂分子中含有大量羟基（—OH）、醚基（—O—）及羧基（—COO⁻），这些极性基具有较强的液-气界面活性，因而该类减水剂还具有一定的引起隔离"滚珠"减水效应。

聚羧酸系减水剂的减水率对掺量的特性曲线更趋线性化，其减水率一般为 25% ~ 35%，最高可达 40%。聚羧酸系减水剂具有一定的引气性和轻微的缓凝性。

与其他高效减水剂相比，聚羧酸系减水剂除掺量小、对水泥颗粒的分散作用强、减水率高等优点外，该类减水剂最大的优点是保塑性强，能有效控制混凝土拌和物的坍落度经时损失，而对混凝土硬化时间影响不大。聚羧酸系减水剂对混凝土具有良好的增强作用，能有效地提高混凝土的抗渗性、抗冻性与耐久性。

但聚羧酸系减水剂对不同品种的水泥适应性不同，甚至对不同厂家生产的同一品种水泥也有可能产生不同的应用效果,对没有试验资料的水泥要事先进行试验,证明有效方可掺用,以免造成浪费。

1.4.2　早强剂

在以硅酸盐类水泥为原料制备泡沫混凝土时,由于其凝结时间较长,泡沫稳定性达不到水泥凝结时间的要求,容易造成塌模现象。因此,有时需要适量添加早强剂缩短其凝结时间,提高早期强度。这样不但可以避免塌模,制备出密度级别合格的泡沫混凝土;而且可以提高模具的周转速度,进而提高生产效率。

早强剂能提高混凝土的早期强度,一般对混凝土的凝结时间无明显影响,但掺量过大及个别品种也会影响混凝土的凝结时间,起到促凝作用。另外,一些品种的早强剂会使混凝土后期强度有所降低。

混凝土的凝结硬化加快与早期强度的提高密切相关,但两者的变化并不完全一致,有时凝结速度快,但早期强度不一定高。

早强剂可分为无机早强剂和有机早强剂两大类。无机早强剂主要是一些盐类,如氯化钠、硫酸铝、亚硝酸钠等;有机早强剂常用的有三乙醇胺、甲醇、尿素等。

早强剂除可单独掺用外,也可与其他品种早强剂复合使用,这样既可以提高早强效率,又可以降低成本。

(1)氯盐早强剂。

①氯化钙。无水氯化钙($CaCl_2$)为灰色多孔小块,易潮湿,易溶于水并放热。氯化钙掺入混凝土中有明显的早强作用,能有效降低液相的冰点,促凝作用很强,在水泥净浆中掺量大于4%就会使初凝时间缩短5 min左右。氯化钙早强剂多用于普通水泥,不宜远距离运输。收缩率比不掺者显著增大。

掺入混凝土中的氯化钙提高了熟料粒子的溶解度,并与铝酸盐水化物生成氯铝酸钙、氯硅酸钙等复盐,使水化加速,结合水增多,游离水减少而早期强度提高。

②氯化钠。工业氯化钠(食盐)为白色立方晶体,掺入混凝土或砂浆中有降低冰点及一定的早强促凝作用。氯化钠的早强作用与氯化钙相似,具有使水泥早期水化加剧、低温早强、降低水的冰点、提高早期抗冻能力等作用,而且价格便宜,原材料来源广泛。但单独掺用时构件表面会有盐析现象,当环境湿度增加时,会引起混凝土强度的降低。与三乙醇胺或三异丙醇胺复合即使残量少也有显著增强作用,但有增加混凝土干缩性的缺点。

（2）硫酸盐早强剂。

①硫酸钠。结晶硫酸钠（$Na_2SO_4 \cdot 10H_2O$）工业品亦称芒硝,白色结晶,干燥环境下易失水风化,失水后为无水硫酸钠（Na_2SO_4）,工业品称元明粉,白色或淡黄色粉末。硫酸钠宜用于矿渣水泥,不但早强效果好,而且 28 d 强度也有提高。而对于某些硅酸盐水泥当掺量大于 1.5% 时,28 d 后的强度要降低 10% ~ 20%。干缩性比不掺者大,比掺氯盐者小;由于结晶硫酸钠易失水风化,所以养护不好的混凝土表面要起霜,不但影响美观,而且对耐久性不利。

②硫酸钾。硫酸钾（K_2SO_4）为白色结晶,掺入水泥中的作用基本上与硫酸钠相同,但由于 K^+ 的极化度比 Na^+ 大,因此 Na^+、Li^+ 形成低溶解度复盐的活性要高,在水泥水化时易生成不溶性复盐 $K_2Ca(SO_4)_2 \cdot H_2O$（钾石膏）,这种具有纤维状结晶的生成物对混凝土早期强度是有利的。

（3）有机类早强剂。

①三乙醇胺。三乙醇胺又称三羟乙基胺（简称 TEA）,其分子式为 $C_6H_{15}O_3N$,为橙黄色的透明状液体,稍臭,呈强碱性,易溶于水。

目前常用的复合早强剂中大都含有三乙醇胺。它是较重要的早强剂材料。

三乙醇胺是一种表面活性剂,在掺入水泥混凝土中后,能促使水泥水化生成胶体的活泼性加强,有加剧吸附、润湿及使微粒分散的作用,因此对混凝土有加快强度发展与提高混凝土强度的作用。又由于它能使胶体粒子膨胀,因而对周围产生压力,阻塞毛细管通路,增加了混凝土的密实性及抗渗性。

掺入水泥量 0.02% ~ 0.1% 的三乙醇胺,可使水泥石、混凝土的抗压强度提高,水泥的凝结时间延迟 1 ~ 3 h。因此,三乙醇胺是一种缓凝早强剂。但三乙醇胺对不同品种的水泥适应性不同,应用效果差异较大,并且掺量应严格控制,掺量超过 0.1% 时,随着掺量增加强度显著下降,并且会造成严重缓凝。

②三异丙醇胺。三异丙醇胺简称 TP,常温下为淡黄色黏稠液体,呈碱性,低于 12 ℃ 时凝成白色脂状物。

单掺占水泥量的 0.02% ~ 0.10%,能显著提高水泥石和混凝土的 28 d 强度,略有早强性。可作为混凝土的增强剂以降低单位水泥用量。与氯盐复合也有显著的早强效果,且后期强度仍显著提高,是一种良好的早强剂。

但三异丙醇胺对不同品种的水泥适应性不同,应用效果差异较大,对没有试验资料的水泥要进行混凝土强度试验,证明有效方可掺用。

(4)复合早强剂。

各种早强剂都有其优点和局限性,但将两种或两种以上单组分早强剂进行复合,不但可以取得更优良的早强效果,而且掺量也可以比单组分早强剂低。

工程中常用的复合早强剂配方见表1.16。

表1.16　常用复合早强剂的配方

复合早强剂组分	掺量/%
三乙醇胺+氯化钠	$(0.03 \sim 0.05)+0.5$
三乙醇胺+氯化钠+亚硝酸钠	$0.05+(0.3 \sim 0.5)+(1 \sim 2)$
硫酸钠+亚硝酸钠+氯化钠+氯化钙	$(1 \sim 1.5)+(1 \sim 3)+(0.3 \sim 0.5)+(0.3 \sim 0.5)$
硫酸钠+氯化钠	$(0.5 \sim 1.5)+(0.3 \sim 0.5)$
硫酸钠+亚硝酸钠	$(0.5 \sim 1.5)+1$
硫酸钠+三乙醇胺	$(0.5 \sim 1.5)+0.05$
硫酸钠+二水石膏+三乙醇胺	$(1 \sim 1.5)+2+0.05$
亚硝酸钠+二水石膏+三乙醇胺	$1+2+0.05$

1.4.3　缓凝剂

缓凝剂是一种能延迟水泥与水反应,从而延缓混凝土凝结的物质。缓凝剂多用于以硫铝酸盐水泥、镁水泥等快硬水泥为原料制备的泡沫混凝土,由于硫铝酸盐水泥、镁水泥等凝结硬化较快,不利于实际生产流程的时间控制,尤其对于化学发泡来讲,如果水泥的凝结时间快于发泡时间,也就是说水泥凝结硬化之后仍在发泡,就会使泡沫混凝土出现大量裂缝,降低了成品率。对于这种情况,有必要掺入合适掺量和品种的缓凝剂对水泥进行缓凝。

1. 缓凝剂的作用原理

水泥的凝结时间与水泥矿物的水化速度、水泥-水胶体体系的凝聚过程、加水量有关。因此,凡是能改变水泥矿物水化速度、水泥-水胶体体系的凝聚过程以及拌和水量的外加剂都可以作为调凝剂使用。一般来说,有机表面活性剂都能吸附于水泥矿物表面,起阻止水泥矿物水化的作用,并且因表面活性剂的亲水基团能吸附大量水分子,使扩散层水膜增厚,因此都能起缓凝作用。有些无机化合物(如 $CaSO_4 \cdot 2H_2O$)能与水泥水化产物生成复盐(如钙矾石),吸附在水泥矿物表面,同样能阻止水泥矿物水化。

如对于羟基羧酸类缓凝剂,主要是水泥颗粒中铝酸三钙(C_3A)成分吸附羟基羧酸分子,使它们难以较快生成钙矾石结晶,而起到缓凝作用。对于磷酸盐类缓凝剂,其溶于水中生成离子,被水泥颗粒吸附生成溶解度很小的磷酸盐薄层,延缓 C_3A 的水化和钙矾石形成。

2. 常用缓凝剂及其对泡沫混凝土性能的影响

(1)糖蜜缓凝剂。

糖蜜缓凝剂是利用制糖生产中,提炼出食糖后剩下的残液,经生石灰处理后而得的以己糖二酸钙为主要成分的红棕色糊状液体,是一种具有弱碱性(pH 为10)的亲水性表面活性物质。其生产过程为将浓稠糖蜜用温水稀释至密度 1.2 g/cm^3,再徐徐掺入其质量 16% 的生石灰粉(通过 0.3 mm 筛孔),经不断搅拌,待存放一星期左右即可使用。

根据施工条件及缓凝程度,糖蜜掺量可在水泥用量的 0.2% ~1.0% 范围内选用。掺量超过 1% 时,混凝土将长期疏松不硬。在 23~28 ℃ 条件下,糖蜜掺量每增加 0.1%,约能延长凝结时间 1 h。在同一用水量的情况下,提高混凝土坍落度 1 倍左右,因此糖蜜具有良好的缓凝、增塑作用。混凝土中掺入水泥量 0.2%~0.4% 的糖蜜缓凝剂,如保持坍落度相同,则可减少用水量 7%~10%,28 d 龄期抗压强度可提高 20%~30%。

(2)甲基硅酸钠。

甲基硅酸钠属碱金属有机硅酸盐,可增强混凝土防水性,并提高其抗压强度。

掺入水泥质量 1% 的有机硅酸钠缓凝剂,初凝和终凝时间几乎可延长 1 倍。而且 28 d 龄期抗压强度可增长 40% 左右。当有机硅酸盐掺入量增至 2% 及 4%,则混凝土 28 d 龄期抗压强度可分别提高 76% 及 87%。该剂也是一种既缓凝又增强的多功能化学缓凝剂之一。

(3)柠檬酸。

柠檬酸学名 2-羟基丙烷-1,2,3-三羧酸,分子式为 $C_6H_8O_7 \cdot H_2O$,是一种羟基多元醇,为无色有酸味的结晶或白色粉末,易溶于水,呈弱酸性。水溶液易发霉变质,不宜长期存放。柠檬酸的掺量甚少,仅占水泥质量的 0.05%~0.1%,但缓凝作用显著。

掺入水泥质量 0.1% 的柠檬酸,于常温下可延缓 3~4 h 的凝结时间,并能延缓水化初期的水化热,同时,也可使混凝土的抗压强度和抗冻性有所提高。柠檬酸也是一种较理想的缓凝剂。

（4）磷酸钠。

磷酸钠（Na_3PO_4）为无色或白色结晶，不溶于醇，在干空气中易风化，在水溶液中几乎完全分解为磷酸二氢钠和氢氧化钠，故具有强碱性。通常情况下，该剂的掺量为水泥质量的 0.5% ~ 1.0%，能显著增加混凝土拌和物的塑性，对 325# 硅酸盐水泥尚可延长凝结时间 20% 左右。并能与水泥水化产生的 $Ca(OH)_2$ 发生如下反应：

$$3Ca(OH)_2 + Na_3PO_4 \longrightarrow Ca_3PO_4 + 6NaOH$$

由于在水泥颗粒表面形成致密的正磷酸钙，阻碍了水分子向反应区渗透而强烈地延缓了新组织的形成。

1.4.4　憎水剂

憎水剂是一种能减少孔隙和堵塞毛细孔道，可降低混凝土的吸水性或在静水压下透水性的外加剂。对于泡沫混凝土来说，由于本身的多气孔结构决定了其吸水率大、防水性差等缺点，特别是在有水压作用下，水更容易进入泡沫混凝土内部而影响其耐久性。若泡沫混凝土内部孔结构呈现连通性，则吸水率更高，防水抗渗性更差。因此，通过在泡沫混凝土中加入憎水剂，制备出吸水率较低、防水性能较高的泡沫混凝土，可以提高泡沫混凝土的耐久性，扩大泡沫混凝土的使用范围。

1. 憎水剂的作用原理

①加速水泥的水化反应，通过产生的水泥凝胶早期填充混凝土内部孔隙。

②憎水剂微细颗粒本身或与水泥反应生成的微细颗粒，填充到混凝土的孔隙中。

③憎水剂本身是憎水物质或与水泥反应生成憎水性成分填充到孔隙中。

④孔隙中形成水密性高的膜。

⑤喷涂在混凝土表面，可溶性组分溶出后浸透到孔隙中，与水泥水化反应过程中产生的水溶性组分相结合，生成不溶性的结晶体堵塞毛细孔。

2. 常用憎水剂及其对泡沫混凝土性能的影响

（1）有机硅憎水剂。

有机硅分子是由 SiO 基团和 CH_3 基团或其他烷基组成的交联立体大分子结构，SiO 基团对无机矿物材料具有很大的亲和性，而 CH_3 基团或其他烷基具有极强的憎水性，将有机硅掺入到水泥浆体中后，SiO 基团会迅速吸附在水泥浆体表面，烷基则整齐地排列在 SiO 基团外面，阻止水分的进入，因此有机硅可以有效地包裹在水泥粒子周围以及吸附在孔隙之中，形成了憎水性的网状硅氧烷分子膜,具有很低的表面张力,并且可以均匀地分布在硅酸盐基材上,使水泥基材和孔壁具有极强的憎水性,其作用原理如图1.4所示。

 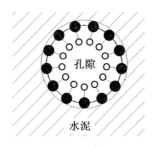

图1.4　有机硅的憎水机理

● SiO 基团　○ CH₃ 基团

在泡沫混凝土的制备中,有机硅憎水剂的掺量应为水泥质量的0.3% ~ 0.8%,主要原因是有机硅为表面活性物质,如掺量过多会导致大量的有机硅分子包裹在未水化的水泥粒子周围,阻止未水化的水泥粒子与水接触,从而延缓了料浆中水泥的凝结时间,降低了料浆的稳定性,在泡沫混凝土内部形成一定数量的连通孔,反而使防水效果降低。在300 kg/m³密度等级的泡沫混凝土中,掺入水泥质量0.5%左右的有机硅憎水剂,可使泡沫混凝土的1 ~ 72 h吸水率降低30% ~ 40%。

(2)脂肪酸防水剂。

脂肪酸可以有效地填充在材料的孔隙之中,降低水分在硬化混凝土孔隙中的透过能力,起到堵塞孔道的作用;并且虽然脂肪酸本身没有憎水作用,但是可以与水泥水化反应生成的 Ca(OH)₂ 结合,生成具有憎水性的脂肪酸钙,填充在毛细孔中,降低了材料中毛细孔的吸水作用,因此掺入脂肪酸可以明显降低复合泡沫混凝土的吸水率。

将脂肪酸类防水剂掺入到砂浆或混凝土中,防水效果明显,但是这类防水剂的缺点是在长时间浸水状态下,防水效果有所降低,增大防水剂的掺量会使混凝土的强度降低。

在300 ~ 350 kg/m³密度等级的泡沫混凝土中,掺入水泥质量0.5% ~ 1.5%的脂肪酸防水剂,可使泡沫混凝土的1 ~ 72 h吸水率降低40% ~ 60%。

(3)硬脂酸钙。

硬脂酸钙中文别名为十八酸钙盐,分子式为 $[CH_3(CH_2)_{16}COO]_2Ca$,为白色粉末,不溶于水、冷乙醇和乙醚,可溶于热苯、苯和松节油及其他一些有机溶剂,微溶于热乙醇和热乙醚。加热至 400 ℃时开始缓缓分解,可燃,遇强酸会分解为硬脂酸和相应的钙盐。可用作稳定剂、润滑剂、塑料脱模剂、建筑防水剂等。其物理性能见表 1.17。

表 1.17　硬脂酸钙物理性能

堆积密度/(g·cm⁻³)	相对分子质量	熔点/℃	含钙量/%	水分/%	游离酸/%	氯化物/%	水溶性盐/%	硫酸盐/%
0.18	607.03	150~155	8.1~9.8	1	0.5	0.05	0.3	0.1

硬脂酸钙粉末可以沉积在泡沫混凝土的毛细孔壁上,从而堵塞毛细孔,使其无法通过毛细作用吸水;另一方面,硬脂酸钙吸附在毛细孔壁之后,使复合泡沫混凝土内部的毛细管表面变成憎水性表面,达到防水憎水目的,掺入硬脂酸钙可以明显降低泡沫混凝土的吸水率。

在 300~500 kg/m³ 密度等级的泡沫混凝土中,掺入水泥质量 0.5%~1.0%的硬脂酸钙,可使泡沫混凝土的 1~72 h 吸水率降低 50%~80%。

1.4.5　稳泡剂

以延长泡沫持久性为目的而加入的表面活性剂或其他添加物称为稳泡剂。

只要具有下列作用之一的,就可以用作稳泡剂:
①能提高发泡体系黏度,提高液膜机械强度的。
②能提高泡沫液膜弹性,使液膜在经受外力时不易破裂的。
③能延续液膜排液速度的。
④能增加液膜自我修复能力的。
⑤能使气泡不溶于水的。
⑥能增加气泡液膜双电层分子排列密度,增强分子间相互作用的。
⑦能使气泡变得更加细小均匀的。
在上述 7 种作用中,具备的性能越多,则稳泡剂的性能就越好。
稳泡剂可以是表面活性剂、表面活性物质也可以是其他不具备表面活性但却可以增加泡沫稳定性的各种物质,不能要求它们都具有表面活性。
有一些稳泡剂本身也是发泡剂,像十二醇等,它们既能发泡又有稳泡作用,也是比较理想的稳泡剂。而对于化学发泡来讲,所有的物理发泡剂都可以作为稳泡剂使用。在使用稳泡剂时,应优先选用这种既有发泡功能又有稳泡功能的稳泡剂。

1.稳泡剂的主要类型与品种

(1)蛋白质类。

这类物质虽然降低表面张力的能力不强,但它们却能在泡沫的液膜表面形成高黏度高弹性的表面膜,因此具有很好的稳泡作用。这是因为它们和发泡剂的分子间不仅存在范德华引力,而且分子中还含有羧基、氨基和羟基等,这些基团都有生成氢键的能力。因此,在泡沫体系中由于它们的存在,使表面膜的黏度和弹性得到提高,从而增强了表面膜的机械强度,起到了稳定泡沫的作用。

(2)高分子化合物类。

它们具有良好的水溶性,不仅能提高液相黏度阻止液膜排液,同时还能形成强度高的膜,因此有较好的稳泡作用。

(3)合成表面活性剂类。

合成表面活性剂(如脂肪酸甲醇酰胺、聚氧乙烯脂肪酰醇胺、乙酰十二胺等)分子结构中往往含有各类氨基、酰胺基、羟基、羧基、羰基、醚基等具有生成氢键条件的基团,用以提高液膜的表面黏度。

2.常用稳泡剂

(1)羟丙基甲基纤维素醚。

纤维素醚具有水溶性和胶质结构,适用于预拌砂浆中,具有保水和增稠作用。羟丙基甲基纤维素醚(HPMC)是非离子性纤维素醚,不是聚合电解质,在有金属盐或有机电解质存在时,在水溶液中较稳定,因此适用于泡沫混凝土。图1.5为HPMC的分子组成与结构式简图。

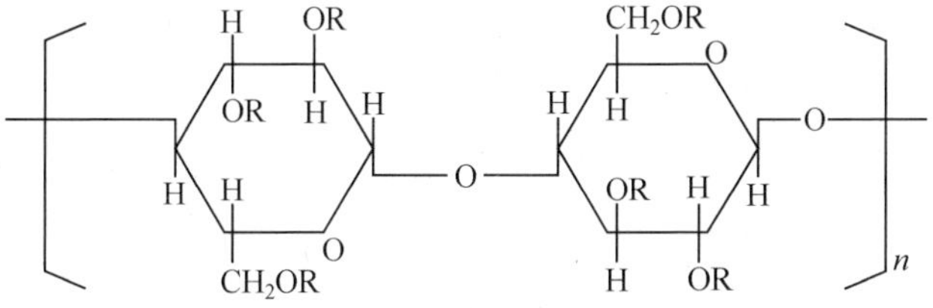

图 1.5　HPMC 分子组成与结构式

式中:n 为聚合度;R 为—H,—CH_3,—($CH_2CH(CH_3)O$)—XH 或—($CH_2CH(CH_3)O$)—xCH_3)。

HPMC 的加入可以迅速在混凝土浆体与气泡之间的界面形成一层薄膜,这层薄膜柔韧而有弹性,起到润滑作用。由于有这层薄膜的保护,气泡的韧性、可压缩性和寿命会明显高于普通水膜所形成的气泡,表现为液膜坚韧、机械强度好、具有良好的保水性。因此,HPMC通过其稳泡作用能够显著提高浆体的流动性,改善浆体成形后的性能。

HPMC在胶凝材料浆体中具有保水、增稠的作用,试验证明,其在泡沫混凝土中使用,可改善气孔分布和构造情况,具有良好的稳泡效果,同时可有效提高泡沫混凝土新拌浆体的流动性和成形体的体积稳定性,降低硬化体的密度,使之具有一定标准的强度,对改善泡沫混凝土各方面性能均有积极意义。其用量以0.05%为宜,不足或过量都不能达到预期效果。

(2)阿拉伯树胶粉。

阿拉伯树胶粉是一种高分子电解质,其降低表面张力的能力虽有限,但其分子结构由—COOH和—OH官能团连在烃键上组成,与发泡剂分子间不仅存在相互吸引的范德华力,还可形成大量氢键,再形成高黏度、高弹性的表面膜,自动修复泡沫由外界扰动引起的变形,使泡沫不易破裂,因此,有很好的稳泡作用。

有研究表明,在发泡剂中掺入阿拉伯树胶粉可提高发泡倍数,在掺量为0~0.8%范围内,随着掺量的增加发泡倍数有提高的趋势。

(3)十二烷基苯磺酸钠。

十二烷基苯磺酸钠是一种阴离子表面活性剂,掺入发泡剂中后,可定向吸附于液膜上,降低液膜表面张力,减小Plateau边界区与平膜间的压差,而且液膜两侧因带有同种电荷而相互排斥,可阻止液膜变薄,形成具有较高机械强度的薄膜。

十二烷基苯磺酸钠既是发泡剂,也可作为稳泡剂与其他发泡剂复合使用,是一种较为理想的稳泡剂。

3. 稳泡剂的掺加方法

稳泡剂的掺加方法有两种:一种是在向水泥浆体混泡时,将稳泡剂直接加入浆体,其掺量较大,掺量少时效果不明显。这种方法适合于价格不高,且可增加料浆悬浮性的稳泡剂,加入后除了增加泡沫稳定性之外,还可以起稳定浆体,防止固体颗粒下沉和浆体分层的作用。另一种是将稳泡剂加入到发泡剂中,成为发泡剂的一部分。这种稳泡剂的加入量一般都较少,增黏效果较好,而且方法简便,但对料浆的影响不如前一种方法,然而它的稳泡效果优于前一种。

1.4.6　保水剂

保水剂是一种在加入到泡沫混凝土浆料中后,能够在一定时间内降低浆料的泌水率的外加剂。

泡沫混凝土在实际制备中,为保证搅拌过程中泡沫不破灭,水泥浆体的水灰比一般较大,多在0.5以上,而泡沫本身也存在大量水分,这导致泡沫混凝土浆料整体的水灰比一般为0.6~0.8,因此在泡沫混凝土凝结硬化过程中,会不可避免地出现不同程度的泌水现象。

一方面泡沫混凝土的泌水会导致气泡的破灭,另一方面,有一些泡沫混凝土应用的领域中,泌水是对生产施工非常不利的因素,如:在装配式夹心隔墙的施工中,面板大多使用硅酸钙板或水泥压力板等,在这些板材的夹层中浇注泡沫混凝土之后,如果泡沫混凝土泌水量过高,面板会由于大量吸水而软化,致使强度大幅度下降,最终在泡沫混凝土浆料的压力下,导致胀板而使墙面不平整,达不到施工验收标准,严重时还会导致面板破裂而使浆料流出,而后又需要大量的修补工作,增加了施工难度。

针对这些情况,处理方法一般有两种:一种是降低浇注高度,减少泡沫混凝土浆料的下部压力,但是这种方法会降低施工效率,延长竣工时间,对施工进度控制和成本控制十分不利;另一种方法是在泡沫混凝土中掺入保水剂,降低泡沫混凝土的泌水率。

1. 保水剂的作用原理

现在使用的保水剂大多是通过加入水泥浆体中,增加了浆体的稠度,从而阻止了浆体中水分的流出,而另一方面,提高了浆体的黏性,在混入泡沫后,阻止水泥浆体在重力作用下流动下沉,而浆体在包裹泡沫后也具有很好的黏性,从而减少泡沫破裂,而最终达到保水的目的。

可以看出,保水剂也具有稳泡的作用。也就是说,从原理上来讲,保水剂是一种特殊的稳泡剂。

2. 常用保水剂

(1)羟丙基甲基纤维素醚。

羟丙基甲基纤维素醚(HPMC)除用作稳泡剂外,也是一种很好的保水剂。试验表明,在加入HPMC后,泡沫混凝土浆料稳定性明显增加,很少出现破泡和泌水现象,但流动性稍有降低。其作用原理在1.3节已经述及,在此不再赘述。

(2)可再分散乳胶粉。

可再分散胶粉是先将聚合物乳液进行改性处理,然后再经过喷雾干燥等工艺处理而得到的。当可再分散胶粉溶于水溶液时,会再次形成乳液,当乳液中的水分蒸发后,会形成有机物膜。这种膜的存在可以改善泡沫混凝土浆料的和易性和泡沫的稳定性,提高浆料的内聚力,从而降低泡沫混凝土浆料的泌水率。并且,可再分散胶粉可以提高泡沫混凝土的拉伸黏结强度,因此可以使泡沫混凝土与其施工作业面结合得更加牢固。

1.5　纤　维

水泥混凝土具有成本低、硬化前塑性好、硬化后抗压强度高、耐久性好等优点,广泛应用在各种土木工程中,但也存在脆性大、易开裂、抗拉强度低等缺点。为了克服这些缺点,长期以来,人们提出了很多增强办法,其中在水泥混凝土中加入适量的短纤维是一种有效的增强办法。

均匀分布的短纤维对混凝土抗拉强度的增强机理主要有以下两种解释:

(1)纤维间距理论。

纤维间距理论又称"纤维阻裂机理",是根据线弹性断裂力学来说明纤维对于裂缝发生和发展的约束作用。这种理论认为混凝土内部有尺度不同的初始微裂缝、孔隙和缺陷,在施加外力荷载时,这些部位产生比较大的应力集中,引起裂缝的扩展,最终导致结构破坏。为了增加混凝土原来有缺陷材料的强度,必须增加其韧性,约束其缺陷的发展,尽可能减小缺陷程度,降低混凝土内部裂缝端部的应力集中系数。理论分析与试验证明,当纤维的平均间距小于7.6 mm 时,纤维混凝土的抗拉或抗弯初裂强度均得以提高。

(2)复合材料理论。

将纤维混凝土所构成材料的整体视为一个多相体系,简化为纤维和混凝土的两相复合材料,其性能是各个相性能的加和值。由于材料的复合,改善了材料的力学性能,不仅保留了原组成材料的特色,而且通过各组分性能的互补和关联可以获得原组分所没有的优良性能,并具有可设计性,包括根据材料的使用要求进行选材设计和进行增强体的比例、分布、排列、取向等的复合结构设计。

目前在泡沫混凝土工程中掺加的纤维主要有:聚丙烯纤维、耐碱玻璃纤维和聚乙烯醇纤维等。

1.5.1　聚丙烯纤维

聚丙烯纤维(简称 PP 纤维)是采用改性母料添加到聚丙烯切片中进行共混、纺丝、拉伸而制成的,是一种专用于混凝土/砂浆的高性能纤维。

国内生产的聚丙烯纤维主要物理性能见表1.18。

表 1.18　国内生产的聚丙烯纤维主要物理性能

密度/(g·cm⁻³)	抗拉强度/MPa	直径/mm	弹性模量/MPa	断裂延伸率/%	熔点/℃
0.8~1.0	460~550	0.015~0.035	>3 500	>10	70~180

经过化学和物理改性处理的聚丙烯纤维,表面粗糙多孔,提高了纤维与水泥的结合力,可以在混凝土中分散均匀,能长期发挥其功效。在泡沫混凝土内掺入 PP 纤维并经搅拌后,由于 PP 纤维与水泥基材料有极强的结合力,可以迅速而轻易地与混凝土材料混合,分布均匀,PP 纤维能在泡沫混凝土内部构成一种均匀的乱向支撑体系。在混凝土凝结的过程中,当水泥基体收缩时,由于纤维这些微细配筋的作用而消耗了能量,可以抑制泡沫混凝土开裂的过程,有效地减少泡沫混凝土干缩时所引起的微小裂缝,提高泡沫混凝土的韧性。在混凝土内掺入 PP 纤维由于能有效地提高泡沫混凝土的抗折强度以及抗裂、抗渗、抗冻性能,对泡沫混凝土的抗压强度也有少量提高作用。

研究表明,在密度为 400~1 000 kg/m³ 的泡沫混凝土中掺入水泥质量 0.5% 的聚丙烯纤维,可以将抗压强度提高 20% 以上。聚丙烯纤维对高表观密度泡沫混凝土干燥收缩性能改善作用不大,但可以显著抑制低表观密度泡沫混凝土的干燥收缩变形。表观密度为 100 kg/m³ 的泡沫混凝土掺加纤维后干缩率降低 16.4%。聚丙烯纤维对高表观密度泡沫混凝土硬化早期干燥收缩开裂现象抑制效果不显著,对低表观密度泡沫混凝土有良好的减裂效果。当表观密度为 600 kg/m³,300 kg/m³ 和 125 kg/m³ 时纤维减裂率分别为 39.0%,85.0% 和 93.3%。

在泡沫混凝土中,聚丙烯纤维掺量宜为水泥质量的 0.3%~0.9%,掺量过少效果不明显,而过多掺入时又会导致纤维出现团聚,影响泡沫混凝土制品的综合性能,并且造成成本的浪费。

1.5.2　耐碱玻璃纤维

耐碱玻璃纤维,主要用于玻璃纤维增强(水泥)混凝土(简称 GRC)的肋筋材料,是 100% 的无机纤维,在非承重的水泥构件中是钢材和石棉的理想替代品。它的特点是耐碱性好,能有效抵抗水泥中高碱物质的侵蚀,握裹力强,弹性模量、抗冲击、抗拉、抗弯强度极高,不燃、抗冻、耐温度、湿度变化能力强,抗裂、抗渗性能卓越,具有可设计性强,易成形等特点,是广泛应用在高性能增强(水泥)混凝土中的一种新型的绿色环保型增强材料。

国产耐碱玻璃纤维主要物理性能见表 1.19。

表 1.19　国产耐碱玻璃纤维主要物理性能

密度/(g·cm⁻³)	弹性模量/GPa	抗拉强度/MPa	断裂延伸率/%
2.5~3.0	70~80	1 500~2 500	2.0~3.5

当控制泡沫混凝土干燥密度级在 900 kg/m³ 不变时,玻璃纤维使泡沫混凝土的抗压强度最大增大 30%,抗折强度最大提高 143%,同时使其韧性得到极大提高,而导热系数变化不大。掺量宜低于水泥质量的 0.6%,过多掺入时会导致纤维出现团聚,影响制备效果。

1.5.3　聚乙烯醇纤维

聚乙烯醇纤维(简称 PVA 纤维)是以高聚合度的优质聚乙烯醇(PVA)为原料,采用特定的先进技术加工而成的一种合成纤维。其主要特点是强度高、模量高、伸度低、耐磨、抗酸碱、耐候性好,与水泥、石膏等基材有良好的亲和力和结合性,且无毒、无污染、不损伤人体肌肤,对人体无害,是新一代高科技的绿色建材之一。生产维纶纤维的原料聚乙烯醇(PVA)是一种水溶性高聚合物,性能介于塑料和橡胶之间,用途广泛。我国的聚乙烯醇生产能力和产量均居世界第一,其后依次为日本、英国和朝鲜。

国产聚乙烯醇纤维主要物理性能见表 1.20。

表 1.20　国产聚乙烯醇纤维主要物理性能

密度/(g·cm⁻³)	直径/mm	弹性模量/GPa	抗拉强度/MPa	断裂延伸率/%
1.3	0.012~0.015	≥400	800~1 500	4~9

有研究表明,在密度为 700 kg/m³ 的泡沫混凝土中掺入水泥质量 0.1%~0.5% 的聚乙烯醇纤维(长度 6~20 mm),可使泡沫混凝土 28 d 抗压强度增大 2.97%,抗折强度增大 43.24%。聚乙烯醇纤维的掺入可有效改善泡沫混凝土的早期收缩以及抗裂性能。

1.6　集　料

泡沫混凝土大多不使用集料,有时为了性能的各种特殊要求,则需要加入不同的集料。这些集料主要分为重集料和轻集料。

重集料一般指砂石,分为粗重集料和细重集料。粒径 5 mm 以上称为粗重集料,粒径 5 mm 以下则称细重集料。

重集料对泡沫混凝土密度的影响很大,其用量越大则泡沫混凝土的密度越大。因此,泡沫混凝土中的重集料以不用或少用为好。但有些泡沫混凝土若不使用重集料,就达不到性能要求,则必须加入适量重集料。一般情况下,重集料只用于下列三种泡沫混凝土:

①密度为 900 ~ 1 800 kg/m³ 的高密度泡沫混凝土。

②抗压强度在 5.5 MPa 以上的高强泡沫混凝土。

③对热导率没有要求的泡沫混凝土。

泡沫混凝土为了降低密度,一般使用重集料较少,而使用轻集料较多。轻集料主要有膨胀珍珠岩、聚苯乙烯泡沫颗粒、锯末、秸秆粉等。应用于泡沫混凝土中的轻集料应具有密度低、热导率低、吸水率低、颗粒表面光洁圆滑等特点。

在泡沫混凝土中常用的集料有以下几种:

1.陶粒

陶粒是一种人造粗集料,外壳表面粗糙而坚硬,内部多孔,一般由页岩、黏土岩等经粉碎、筛分在高温下烧结而成。常根据原料命名,如页岩陶粒、黏土陶粒等。

陶粒的外观特征大部分呈圆形或椭圆形球体,但也有一些仿碎石陶粒不是圆形或椭圆形球体,而呈不规则碎石状。陶粒形状因工艺不同而各异。它的表面是一层坚硬的外壳,这层外壳呈陶质或釉质,具有隔水保气作用,并且赋予陶粒较高的强度。陶粒的外观颜色因所采用的原料和工艺不同而各异。焙烧陶粒的颜色大多为暗红色、赭红色,也有一些特殊品种为灰黄色、灰黑色、灰白色及青灰色等。

国产陶粒的主要物理性能见表 1.21。

表 1.21　国产陶粒的主要物理性能

堆积密度/ (kg·m⁻³)	表观密度/ (kg·m⁻³)	筒压强度/MPa	吸水率/%	空隙率	粒径/mm
250 ~ 600	500 ~ 1 200	0.8 ~ 6.0	10 ~ 30	0.43 ~ 0.50	8 ~ 18

有研究表明:在制备密度为 800 kg/m³ 的以上的泡沫混凝土时,掺入陶粒可以降低泡沫混凝土的密度,但是抗压强度也有少许降低,掺入陶粒会使泡沫混凝土的吸水率增加。

2.聚苯颗粒

聚苯颗粒全称聚苯乙烯泡沫塑料颗粒(Expanded Polystyrene particles,简称 EPS 颗粒),是一种轻型高分子聚合物。它是采用聚苯乙烯树脂加入发泡剂,同时加热进行软化,产生气体,形成的一种硬质闭孔结构的泡沫塑料。这种均匀封闭的空腔结构使 EPS 具有吸水性小,保温性好,质量轻及较高的机械强度等特点。它既可制成不同密度、不同形状的泡沫外墙保温材料,还可以掺入到水泥砂浆、泡沫混凝土中,制成胶粉聚苯颗粒、复合泡沫混凝土等。

聚苯颗粒主要物理性能见表 1.22。

表 1.22 聚苯颗粒主要物理性能

堆积密度/ $(g \cdot cm^{-3})$	表观密度/ $(g \cdot cm^{-3})$	最小粒径/mm	最大粒径/mm	平均粒径/mm
6.78	10.63	2.5	5.6	4.1

研究表明,在泡沫混凝土中掺入聚苯颗粒,可以有效降低泡沫混凝土的密度,因此聚苯颗粒适合用于制备密度在 300 kg/m³ 以下的超轻泡沫混凝土。并且,在泡沫混凝土中分别掺入相同体积的聚苯颗粒和泡沫时,复合泡沫混凝土的密度低于纯泡沫混凝土;掺入聚苯颗粒制成的复合泡沫混凝土抗压强度高于相同密度等级的纯泡沫混凝土。在制备密度在 150 ~ 350 kg/m³ 的泡沫混凝土时,掺入泡沫混凝土体积 50% ~ 80% 的聚苯颗粒,可以使泡沫混凝土的密度降低 50% ~ 75%,相对于未加聚苯颗粒的纯泡沫混凝土,聚苯颗粒的引入可降低吸水率达 34%,提高软化系数最高可达 28%,减少 28 d 干燥收缩值最多达 21%。而且由于聚苯颗粒的吸水率极低,掺入的聚苯颗粒越多,泡沫混凝土的吸水率也越低。

3. 膨胀珍珠岩

膨胀珍珠岩是珍珠岩矿砂经预热,瞬时高温焙烧膨胀后制成的一种内部为蜂窝状结构的白色颗粒状的材料。其原理为:珍珠岩矿石经破碎形成一定粒度的矿砂,经预热焙烧,急速加热(1 000 ℃以上),矿砂中水分汽化,在软化的含有玻璃质的矿砂内部膨胀,形成多孔结构,体积膨胀 10 ~ 30 倍的非金属矿产品。珍珠岩根据其膨胀工艺技术及用途不同分为三种形态:开放孔(open cell)、闭孔(closed cell)和中空孔(balloon)。

根据建材行业标准《膨胀珍珠岩》(JC/T 209)中的规定,膨胀珍珠岩按堆积密度分为 70,100,150,200 和 250 5 个标号,各标号产品按物理性能分为优等品、一等品和合格品。

膨胀珍珠岩的堆积密度、质量含水率、粒度和导热系数指标应符合表1.23中的规定。

表 1.23　膨胀珍珠岩性能指标

| 标号 | 堆积密度/(kg·m⁻³) | 质量含水率/% | 粒度/% | | | | 导热系数/(W·m⁻¹·K⁻¹) 平均温度 298 K±2 K | |
| | | | 4.75 mm 筛孔筛余量 | 0.15 mm 筛孔通过量 | | | | |
	最大值	最大值	最大值	优等品	合格品		优等品	合格品
70 号	70						≤0.047	≤0.051
100 号	100						≤0.052	≤0.056
150 号	150	≤2	≤2	≤2	≤5		≤0.058	≤0.062
200 号	200						≤0.064	≤0.068
250 号	250						≤0.070	≤0.074

　　膨胀珍珠岩作为泡沫混凝土的骨料作用与聚苯颗粒相似,但膨胀珍珠岩吸水率高,耐水性差,导致基体在搅拌过程中收缩变形大,产品后期保温性能降低、易开裂等,因此在泡沫混凝土中的应用程度低于聚苯颗粒。

第2章 泡沫混凝土技术原理

泡沫混凝土在发泡形成气孔结构的技术上,有它自己明显的技术特征。最明显的技术特征有两个:一个是发泡方法多样,另一个是免蒸压。

1. 发泡方法

泡沫混凝土的发泡方法分为物理发泡和化学发泡。

物理发泡是先用发泡机将发泡剂制成泡沫,再将泡沫用机械搅拌的方法,混入预先制好的水泥净浆或砂浆中。它的整个工艺过程完全是物理性质的,靠的是机械力来产生泡沫并在水泥浆中形成气孔,它的造孔手段是物理的方法,这可以说是它在工艺上的明显特征。

化学发泡大多采用过氧化氢为发泡剂,先制备出水泥净浆,并在净浆中事先加入一定量的 MnO_2 或 $KMnO_4$ 等作为催化剂,然后再将发泡剂加入到水泥净浆中,通过过氧化氢与催化剂在一定温度下反应生成氧气而形成气泡,气泡固定在水泥净浆中从而形成气孔。

2. 免蒸压

泡沫混凝土一般不采用蒸压养护,泡沫混凝土生产的都是模制品(如砌块、墙板)或现场浇筑施工,所以一般是无法蒸压养护的。它采用最多的养护工艺是自然养护,少数模制品也有采用蒸汽养护的,而采用蒸压养护的极少。蒸压养护投资大、工艺复杂、设备无法移动,不适应泡沫混凝土简便易行的工艺特点。如果是蒸压养护,那就不能算是真正意义上的泡沫混凝土。加气混凝土是靠蒸压的胶凝作用来固定气泡,形成气孔结构的;而泡沫混凝土是靠水泥或菱镁等胶凝材料的胶结作用来固定气泡,形成气孔结构的。

2.1 物理发泡原理

1. 表面张力的概念

液体表面最基本的特性是倾向收缩,其表现是小液滴呈球形,如小水银珠和荷叶上的水珠,以及液膜自动收缩等现象。这是表面张力和表面自由能作用的结果。

众所周知,分子之间存在分子间作用力。但是分子在本体相中和表面上所受到的分子间作用力不同。在本体相中,分子所受到的各个方向的力大小相等,方向相反,相互抵消,合力为零。然而处在表面相中的分子,则处在力场不对称的环境中。液体内部分子对表面层中分子的吸引力,远远大于液面上蒸汽分子对它的吸引力,使表面层中的分子恒受到指向液体内部的拉力,因而液体表面的分子总是趋于向液体内部移动,力图缩小表面积。用能量的观点来看,处于表面的液体分子受到垂直向液体内部的作用力,因此表面相的液体分子比本体相的分子具有额外的势能。这种势能被称为表面自由能,简称表面能。欲使表面积增加,则必须消耗一定数量的能量,相反则会释放出一定的能量。图2.1为液体表面和内部分子的受力情况。

体系能量越低越稳定,故液体表面有自动收缩的趋势。我们可以把这种力看作是一种力在牵引表面向表面积小的方向进行。假如用钢丝制成一个框架,如图2.2所示,其一边是可以自由活动的金属丝。将此金属丝固定后使框架蘸上一层肥皂膜。若放松金属丝,肥皂膜会自动收缩以减小表面积。这时欲使膜维持不变,需在金属丝上施加一相反的力 F,其大小与金属丝的长度 l 成正比,比例系数以 γ 表示,因膜有两个面,故可得

$$\gamma = \frac{F}{2l}$$

这种力即为表面张力,单位为 N·m^{-1} 或 J·m^{-2}。以前习惯使用 dyn·cm^{-1},1dyn·cm^{-1} = 10^{-3}N·m^{-1}。

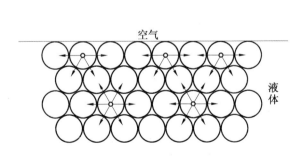

图2.1 液体表面和内部分子受力情况

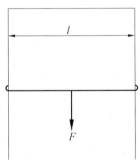

图2.2 表面张力

2. 表面张力与发泡的关系

泡沫混凝土所用的大量泡沫,由一个个微小的气泡组成。这些微小的气泡均是由很薄很薄的水膜形成的。气泡的实质就是水膜包围一定的空气所形成的球体。换言之,气泡就是水泡。

要形成气泡,就要使水分子能够离开液体表面并包围气体。如果液体表

面张力很大,水分子就无法克服其分子间的吸引力而离开水面,形成气泡。因此,水的表面张力和发泡就有着十分重要的关系。水的表面张力越大,发泡就越难,泡沫就越难以形成。而反之,表面张力越小,水分子就越容易包围空气而脱离水面,形成气泡。

因此,降低水的表面张力,使之达到水分子能够在包围空气的情况下离开水面的程度,就成为发泡的一个最重要的技术因素和基本要求。用什么样的技术手段来降低水的表面张力,使气泡最容易形成,是在发泡时所要解决的首要问题。

3. 表面活性剂与发泡

能使液体表面张力降低的性质称为表面活性,而能够降低液体的表面张力而使之产生表面活性的物质,我们就称之为表面活性剂。

生产泡沫混凝土发泡剂,其实就是高活性的表面活性剂,凡是发泡剂均是表面活性剂。不论这种发泡剂是何种物质,它都是表面活性剂。

正因为表面活性剂可以大幅度降低水的表面张力,才能使水分子摆脱水分子间的吸引力,能够离开水的表面,在水膜表面定向排列,从而形成气泡。从起泡的角度讲,表面活性作用越大的活性剂,表面张力降低就越多,起泡作用越大,泡沫生成得越多。另外,由于空气是非极性粒子,所以憎水性越强的活性剂,起泡作用也越大。

研究发泡,实际上也就是研究表面活性剂对液气两界面相的作用。

4. 表面活性剂分子在界面上的吸附

纯液体不会形成泡沫。在纯液体中,即使暂时可以形成气泡,这些气泡在相互接触或从液体中逸出时,便立即破灭,不能存在。

气泡真正形成,必须是在有表面活性剂存在于液体的情况下。它源自表面活性剂降低表面张力和在液气界面上的定向吸附作用。

物质在界面上的富集现象称为吸附。它表示两相界面上的溶质浓度大于溶液内部的浓度。早在 1878 年,吉布斯(Gibbs)就曾指出,在溶液和空气之间的界面上,存在吸附作用,表面活性剂是由于溶质在溶液表面层和溶液内部之间分布不均匀的结果。他为此根据热力学原理推导出著名的吉布斯吸附公式。这一公式的含义有两个:

①若溶质能起降低表面张力的作用,即界面上溶质的浓度比溶液内部的浓度大,这种情况称之为正吸附。也就是溶质为表面活性剂,它能显著降低表面能(表面张力)。

②若溶质能起增加表面能(表面张力)的作用,则表示表面上的溶质浓度

比溶液内部小,这种情况称之为负吸附。也就是因为溶质的存在而引起表面张力的增大,这类溶质是非表面活性的。

根据上述吉布斯吸附公式原理,若溶质(表面活性剂)能降低表面张力,即表示液气界面上的溶质浓度大,而溶质液内部的浓度小,也就是说,表面活性剂分子被强烈地富集到水溶液的表面,而散布在水中的则很少。表面活性剂在液面的大量吸附和富集,使液面的表面张力大幅下降,为气泡的形成创造了条件。

溶液与空气的界面存在界面相,由于吸附作用,它的浓度与性质均与溶液有所不同。这个界面相一般只有几个分子的厚度,吸附有大量的溶质即表面活性剂。

不论表面活性剂属于何种类型,都是由性质不同的两部分组成。一部分是由疏水亲油的碳氢链组成的非极性基团(简称亲油基或疏水基),另一部分为亲水疏油的极性基(简称亲水基)。这两个部分分别处于表面活性剂分子的两端,为不对称的分子结构。因此,表面活性剂分子的结构特征是一种既亲油又亲水的两亲分子,如图2.3所示。它不仅能防止油水相排斥,而且具有把两相相连接起来的功能。但是并非所有的两亲分子皆为表面活性剂,只有碳氢链在8~20碳原子的两亲分子才能称为表面活性剂。碳氢链太短亲油性太差而太长亲水性太差,均不宜作为表面活性剂的疏水链。

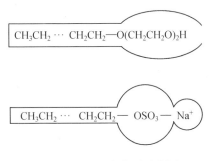

图2.3 两亲分子示意图

由于表面活性剂的两性分子结构特征,决定了它的两亲性,因此这种分子具有一部分可溶于水,而另一部分易从水中逃逸的双重性,结果造成表面活性剂分子在其水溶液中很容易被吸附于气-水(或油-水)界面上形成独特的定向排列的单分子膜。正是由于表面活性剂在溶液表面(或油-水界面)的定向吸附的这一特性,使得表面活性剂具有很多特有的表面活性,如:能显著降低水的表面张力;改变固体表面的润湿性;具有乳化、破乳、起泡、洗涤、分散与凝聚、抗静电和润滑等多种功能。图2.4是表面活性剂在其溶液表面的定向吸附。

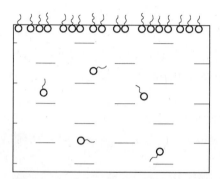

图2.4 表面活性剂在其溶液表面的定向吸附

5.气泡形成的原理及过程

(1)气泡在水中的形成。

当我们采用搅拌或高压充气等方式,使气体进入含有表面活性剂的水溶液时,在气体团与水溶液的界面上就会迅速吸附大量的表面活性剂分子。这些表面活性剂分子由于定向排列作用,就整齐地排列在水与空气的界面上,并且亲水基指向水,疏水基指向空气,形成一个吸附水膜所包裹的气泡。这是气泡在水中的初步形成过程。这一形成原理如图2.5(a)所示。

(2)气泡在水中的上升和再次吸附表面活性剂。

由于气体与液体的密度相差很大,所以在水中形成的气泡由于轻于水,所以它会很快漂浮上升到液体表面,完成气泡由水中向液面的升移。

当气泡到达液面时,由于液面上已经吸附了一层定向排列的表面活性剂,且水面的表面活性剂的亲水基朝向水中,而疏水基朝向空气,这层表面活性剂所形成的很薄的水膜,会再次包覆上升的气泡,增加了气泡水膜的厚度,这时,在气泡水膜的内外两侧,由于定向排列作用,表面活性剂排成内外两层,里层的亲水基向外,而外层的亲水基向里,均朝向气泡的水膜,增加气泡的强度,使之不易破裂,为它完整安全地离开水面奠定了基础。这一原理及过程如图2.5(b)所示。

(3)气泡冲破液体表面张力浮出水面。

溶液表面的张力是阻止气泡形成的主要力量。当表面张力很大时,水中的气泡就难以突破这条防线而上升到水面之上。由于表面活性剂在溶液表面的富集,溶液表面张力大大下降,不足以再阻挡气泡的继续上升。这样,气泡就顺利地冲破溶液表面,克服表面张力,在漂浮力的作用下浮出水面。这时,一个泡的雏形基本形成。这一原理及过程如图2.5(c)所示。

(4)气泡离开水面形成完整的圆球体。

冲破液面的束缚之后,气泡在漂浮作用下离开水面,完全进入气相中。在气泡水膜表面张力的作用下,气泡液膜产生收缩而成为圆球形。这时,一个气泡最后形成。其原理及过程如图2.5(d)所示。

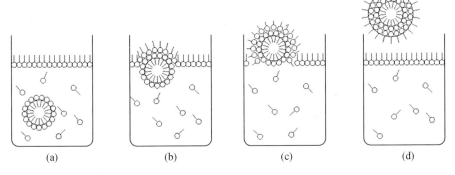

图2.5 气泡形成原理及过程

6. 气泡双分子膜模型

在整个气泡形成的过程中,表面活性剂始终起着决定性的作用。它的液面吸附性和定向排列性,以及它对液体表面张力的降低,才使泡沫得以形成。在水中所形成的气泡,其实质是由表面活性剂吸附在气-液界面上所形成的单分子膜。当气泡上升露出水面与空气接触时,表面活性剂就吸附在液面两侧,形成的则是双分子气泡水膜,有一定的机械强度,不易破灭,所以得以存留,甚至存留很长的时间。

这种带有表面活性剂的双分子层水膜的气泡,在阳光下可以看到七色光谱带,因为膜的厚度具有光的波长等级(数百纳米)。

图2.6是气泡双分子水膜的模型,可以帮助读者理解气泡的结构及其在表面活性剂作用下形成的机理。

若水中没有表面活性剂,空气在水中不能形成单分子膜,在液面不能形成双分子膜,因而没有机械强度,在离开水面进入空气中时,气泡马上破裂而不能存留。所以表面活性剂是气泡形成的先决条件,气泡在纯水中形成和破裂的过程示意如图2.7所示。它可以使读者更深刻地理解表面活性剂对发泡的重要作用。

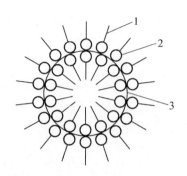

图 2.6　气泡双分子水膜的模型
1—表面活性剂疏水基;2—表面活性剂亲水基;3—水膜

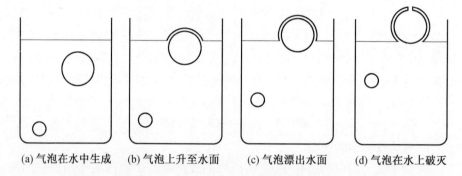

(a)气泡在水中生成　(b)气泡上升至水面　(c)气泡漂出水面　(d)气泡在水上破灭

图 2.7　气泡在纯水中形成和破裂的过程

7.气泡产生的条件

(1)气液接触。

因为泡沫是气体在液体中的分散体,所以只有当气体连续充分地接触时才有可能产生泡沫。这是泡沫产生的必要条件但并非充分条件。

(2)发泡速度高于破泡速度。

无论向纯净的水中如何充气,也不可能得到泡沫而只能出现单泡。因为纯水产生的气泡寿命大约在 0.5 s 之内,只能瞬间存在,因此不可能得到稳定的泡沫。要想得到稳定的泡沫只有在水中加入少量的表面活性剂,再向水中充气即可。因为表面活性剂的存在不仅使发泡变得容易而且使发泡速度超过破泡速度,从而得到稳定的泡沫。

8.泡沫的破坏机制

表面活性剂所形成的气泡并非是永久性的,都有一定的寿命,在存留的过程中容易破灭。破灭越慢、寿命越长的气泡,对泡沫混凝土的生产越有利。否则,形成的气泡再多再快,不能长时间留存,对泡沫混凝土的生产也是没有用的。所以,研究气泡破灭的规律、原因、影响因素等,对泡沫混凝土的生产极其重要。

泡沫是气体分散在液体中的粗分散体系,由于体系存在巨大的气-液界面,是热力学上的不稳定体系。泡沫最终还是会破坏的。造成泡沫破坏的主要原因是液膜的排液使膜体变薄和气泡内气体的扩散。

泡沫的存在是因为气泡有一层液膜相隔,如果把液膜看作毛细管,根据公式,液体从膜中排出的速度与厚度的四次方成正比,这意味着随排液的进行排液速度急剧减慢。气泡间液膜的排液主要是以下原因引起的。

（1）重力排液。

存在于气泡间的液膜,由于液相密度远远大于气相的密度,因此在地心引力作用下就会产生向下的排液现象,使液膜变薄。由于液膜的变薄其强度也随之下降,在外界扰动下就容易破裂,造成气泡合并。重力排液仅在液膜较厚时起主要作用。重力排液使泡沫壁变薄而最终从顶部破裂,其过程原理如图2.8所示。

图2.8　重力排液使泡沫破裂原理及过程示意图

（2）表面张力排液。

由于泡沫是由多面体气泡堆积而成的,在泡沫中气泡交界处就形成了Plateau边界（也称为Gibbs三角）。

如图2.9所示,B处为两气泡的交界处形成的气-液界面相对较平坦,可近似看成平液面,而A处为三气泡交界处,液面为凹液面。由Young-Laplace公式,可知此处液体内部的压力小于平液体的压力,所以B处液体的压力应大于A处液体的内部压力,因此液体从压力大的B处向压力小的A处排液,使B处的液膜进一步减薄,最终导致液膜破裂。若从弯液面的附加压力来考虑,要使两者间的压力差最小,膜之间的夹角应为120°。多边形泡沫结构中大多数是六边形就是这个道理。

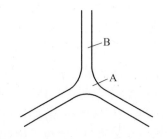

图2.9 气泡交界处的 Plateau 边界

(3)气泡内气体的扩散。

我们平常观察泡沫时都会发现,刚制成的泡沫很小,但是小泡很快就先破灭,只剩下大泡,而且大泡越来越大,最后破灭。这都是由于气泡内气体压力不同造成的。

因为形成泡沫的气泡的大小不同,根据 Young-Laplace 公式附加压力 Δp 与曲率半径成反比,小气泡内的压力大于大气泡内的压力,因此小气泡通过液膜向大泡里排气,使小气泡变小以至于消失,大泡变大且会使液膜更加变薄,最后破裂。另外液面上的气泡也会因为泡内的压力比大气压力大而通过液膜直接向大气排气,最后气泡破灭。

由以上分析可知,气泡大小不同是造成泡沫加速破灭的重要因素。气泡大小的差别越大,小泡就破得越快。小泡破得越快,大泡在接受小泡的排气后被胀破得也越快。这就可引起连锁反应,加速全部泡沫的破灭。

因此,制泡时应尽量均匀一致,泡沫越均匀稳定性就越好,大小不一致的气泡就容易破灭,这就是要求发泡均匀一致的技术原因。

气泡大小不均匀引起气泡内气体的扩散原理及过程如图2.10所示。

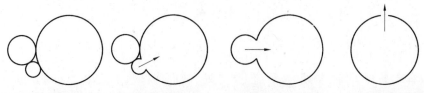

(a) 初制出的大小　　(b) 小泡破灭向大泡　　(c) 中等泡破灭,向大泡　　(d) 大泡被小泡排气胀
　　不同的气泡　　　　排气,大泡变大　　　　排气,大泡变得更大　　　　大,液膜变薄被胀破

图2.10 气泡内气体的扩散原理及过程

9. 泡沫的技术要求

泡沫是形成泡沫混凝土气孔的基础,要获得符合技术要求的气孔结构,就必须先有符合技术要求的泡沫,二者基本是相应的。有什么质量的泡沫,也就有什么样的气孔。对泡沫的基本技术要求有以下5个方面:

(1)泡沫稳定性。

稳定性好的泡沫,其液膜坚韧、机械强度好,不易在浆体挤压下破灭或过度变形。另外,它有自我保水性,液膜上的水分不易在重力作用及表面张力作用下流失,可长时间保持液膜的厚度和完整性,从而可使泡沫长时间存留而不破灭。

① 泡沫的稳定性好,可以使绝大部分泡沫不消失,在浆体初凝后被固定在泡沫混凝土内,形成气孔。泡沫稳定性不好,则大部分或少部分泡沫在浇注后破灭,形成的气孔很少,甚至在浇注后不久就使浆体塌陷,即俗称塌模,造成浇注完全失败。

② 稳定性好的泡沫,浆体不易在挤压下变形过大,有一定的抗压力来保持自己近似球形,可最终形成孔形良好的球形气孔。

③ 稳定性好的泡沫,液膜在浆体内不易破裂,不易形成因破裂后气体的串通所形成的连通孔。因此,它最终形成的是理想的封闭孔。泡沫稳定性越差,封闭孔就越少,而连通孔则越多。因此,泡沫的稳定性不能仅仅以浇注后不塌陷为标准,而应该以浇注后不塌陷、最终形成的气孔近似球形、互不连通这3项指标为标准。

④ 泡沫稳定性没有标准检测仪器来测定其沉降距时,可以用稳泡时间来衡量。稳泡时间应满足所使用的胶凝材料初凝的需要。因为浆体初凝以后,才能固定泡沫,保留泡沫的形态,使之变为气孔。

任何一种胶凝材料都有一个初凝时间,特别是应用最为广泛的普通硅酸盐水泥,初凝时间大多迟于45 min。如果泡沫稳定性差,水泥等胶凝材料还没有初凝,泡沫已经破灭,那么泡沫就无法在混凝土内形成气孔。在一般情况下,对泡沫稳定性的最低要求,也要使其稳泡时间长于胶凝材料的初凝时间10~20 min。由于各种胶凝材料的初凝时间不一致,因此,对泡沫稳定时间的要求也不同。总的来说,用于快凝胶凝材料的泡沫,稳泡时间可以短些,用于慢凝胶凝材料的泡沫,稳泡时间应尽量长些。即使同一种胶凝材料,气温不同,其初凝时间变化也相当大。例如,普通硅酸盐水泥在夏季不到40 min 就可能初凝,而在5 ℃以下的环境下,80 min 也不会初凝。所以,泡沫的稳定时间不可能有一个恒定的具体标准,应根据情况来确定。为了使泡沫能适应各

种使用条件的需要,就应该使其稳定时间越长越好。大致讲,泡沫的稳定时间应达到如下要求:

①当采用硅酸盐类水泥且不加促凝剂时,稳定时间应大于 60 min,理想的最好大于 3 h。

②当采用硫铝酸盐水泥、镁水泥等快凝水泥时,稳定时间应大于 30 min,最好大于 60 min。

③当用于掺有大量填充料或粉煤灰等活性废渣的胶凝材料时,稳泡时间还应延长。填充料或活性废渣掺量越大,稳定时间应越长。

以上只是参考数据,实际上,泡沫在水泥浆中的稳定性受到碱性等化学因素、吸附等物理因素的影响,难以判定,有必要通过实施过程中的试验来确定,以浇注后不塌模,气孔形成后不连通,不过度变形为原则。

(2)泡沫均匀性。

气孔的理想孔径分布越窄越好,也就是要求气孔的孔径尽量一致,差别不要太大,这相应地要求泡沫应均匀,不能大小不一。泡沫的泡径不可能完全相同,但应基本相近,泡径范围尽可能小,最大泡径和最小泡径之间相差不要太大。前面已经讲过,要求泡沫所形成的气孔均匀,可以避免压应力在大泡孔处集中而降低抗压强度。若泡沫大小不匀,应力在大泡孔处集中,非常容易使这里成为薄弱区域,在承压时最先开裂。图 2.11 是泡沫混凝土压应力集中于大泡所引起的开裂示意图。

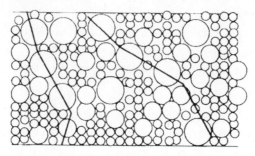

图 2.11　泡沫混凝土压应力集中于大泡所引起的开裂

(3)泡径小。

泡径越小越好,应为 0.1 ~ 1 mm,不少生产者为了照顾泡沫混凝土使用者的认知习惯,追求泡沫的大泡径,认为生产出来的泡沫混凝土气泡清晰,直观效果好。这是十分错误的,是以牺牲泡沫混凝土的强度为代价的。相同的原料和配方,相同的设备和工艺,仅仅是改变泡径,1 mm 泡径的泡沫混凝土抗压强度,比 3 mm 泡径的泡沫混凝土至少高 20%。

(4)泡沫泌水率。

泡沫按含水量大小,分为水多泡少的乳状泡沫和泡多水少的海绵状泡沫,其中,乳状泡沫是不合格的劣质泡沫,不能使用。

泡沫自制出之后,就逐渐向外泌水。其泌水包括两个部分:

① 泡沫液膜的泌水。这部分水是从液膜上分泌出来的,是液膜在重力排水、表面张力排水、液膜破坏排水共同作用下所泌出的水。泡沫的液膜越厚,则泌水越大;泡沫破灭越快越多,则泌水越大。

② 泡沫之间的泡间水。这部分水是没有形成气泡液膜的水,发泡剂和发泡机的发泡性能越差,不能形成泡沫液膜的泡间水就越多。

当泌水率很高的泡沫加入水泥浆时,水泥浆变得很稀,而泡沫则很少,浆体的体积小,制出的泡沫混凝土密度很高,不符合技术要求。

合乎技术要求的泡沫外观应该是海绵状的细密小泡,不会乱流乱淌。

要求泡沫的低泌水性,主要是保证泡沫中的气泡数量和泡沫混凝土的气孔率,也就是保证泡沫混凝土的密度。

(5)泡沫对胶凝材料没有副作用。

胶凝材料是泡沫混凝土强度的主要来源,泡沫的加入不能影响其胶凝性,也就是不产生胶凝副作用。这一点,不是各种泡沫都能达到的。

一些泡沫对水泥的胶凝有妨碍,会降低泡沫混凝土的强度,有时甚至使硬化后的混凝土基本丧失强度。这些泡沫即使性能再好,也不能用于泡沫混凝土生产。

2.2 化学发泡原理

化学发泡剂的发泡机理为:泡沫混凝土的料浆属于弹-塑-黏性体系。料浆在搅拌过程中析出氢氧化钙,此时的料浆体系为碱性环境。将化学发泡剂加入料浆后搅拌均匀,发泡剂在碱性环境中或催化剂催化条件下发生化学反应,放出气体,如图 2.12(a)所示。随着发泡反应的进行,气泡数量不断增多,大量气体分散在料浆各部分,气泡周围局部区域内逐渐产生气压,产生的气压作用在塑黏性料浆上。当气体压力引起的切应力尚未超过料浆的极限切应力时,料浆不会产生膨胀。随着发气反应的继续进行,生成的气体数量逐渐增多,气体压力逐渐增大,当生成气体的气体压力引起的切应力大于料浆的极限剪切应力时,这些气体气泡尺寸增大,料浆开始膨胀。此时,发泡剂微小颗粒刚好位于小气泡的中央,如图 2.12(b)所示。这些气孔均匀分散在料浆中,在合理的试验条件及试验工艺下,浆体的凝结速率与化学发泡剂的发泡速率基本一致,在这种情况下,料浆的膨胀一直进行到发泡结束为止。从某种程度上可以认为,料浆的膨胀过程也就是球形气孔的发生和长大过程。

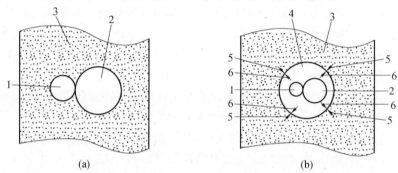

(a)　　　　　　　　　(b)

图 2.12　化学发泡剂在料浆中的发气过程

1—颗粒;2—Ca(OH)$_2$颗粒;3—生成的气体;4,5—极限剪切应力作用方向;6—气体压力

2.3　孔形成原理

泡沫搅拌进入胶凝材料浆体后,泡沫混凝土孔的形成可以分为固泡过程和稠化过程两个阶段。

1.固泡过程

固泡过程就是泡沫被泡沫混凝土料浆固定在混凝土内的过程,也就是气泡转化为混凝土气孔的过程。从气泡到气孔,这表面上看起来很简单,但实际上是泡沫所发生的一个质的变化。

气泡是由液膜包围气体所形成的气液结构体。这种气液结构体由于液膜的不稳定性,决定了它整体性能的不稳定。液膜中的水在气泡形成之后,就开始排液。气泡形成之时,也就是液膜排液之始。重力排液、表面张力排液、泡内气体扩散排液三种排液作用相互叠加,使气泡的排液不停地进行。排液使气泡液膜越变越薄,最后破裂。所以,排液快慢及排液量是气泡破裂的决定因素。排液越快,排液量越大,气泡破裂越快,反之则越慢。排液快慢强弱也就表征着泡沫的稳定性。

正是因为气泡液膜的排液性,气泡终将因液膜失水变薄而消失,这决定气泡只能是短暂而无法长期地存在。要使气泡成为长期的稳定结构体,就必须将气泡易消失的液膜转变成坚固的气孔壁,即由液-气结构体转变成固-气结构体,这一转变过程也就是固泡过程。固泡过程大致分为三个阶段。

(1)胶凝材料颗粒包围气泡阶段。

当浇注以后,料浆中的气泡便被胶凝材料浆体所包围。由于气泡表面排列着表面活性剂分子,它的吸附作用及胶凝材料颗粒的沉积作用,使胶凝材料颗粒黏附于泡沫液气膜表面,形成一个包围层。气泡的气-液结构开始变为气-液-固结构。

(2)胶凝材料水化产物包围气泡阶段。

当胶凝材料颗粒黏附于气泡液膜上之后,它们在水的作用下开始水化,生成水化凝胶,产生凝胶作用。这些水化产物逐渐填充到气泡膜水分子之间,对气泡起到加固作用,提高了气泡强度。

(3)水化产物大量增多,气泡被固定阶段。

水化产物逐渐增多,它们开始相互连接、交叉,形成凝胶层并取代气泡水膜。气泡水膜的水随着水化作用的消耗而慢慢失去,最终使水膜消失。凝胶层随水化作用而慢慢取代水膜,最终使水膜消失,从而使气泡变成气孔。

水化产物在气泡表面生成,并产生可以固定气泡的作用,使气泡能承受浆体自重的挤压力而不易变形,这一阶段大约在浆体初凝时初步形成,以浆体失去流动性为标志。所以,初凝前的这段时间是能否被固定的关键阶段。

2. 浆体稠化过程

(1)稠化过程。

泡沫混凝土浆体在浇注后失去流动性,并开始具有可以支承自重能力的状态称为稠化。

浆体的稠化与固泡过程是同步进行的。两个过程说到底都是水泥等胶凝材料的初凝过程。因此,它们应该是一个过程的两种表现。在气泡表面生成的胶凝过程可称之为固泡,而在全部浆体中产生的凝胶过程称之为稠化。

稠化是由于浆体中的胶凝材料不断产生水化反应,生成水化凝胶所形成的。随着水化作用的增强,浆体中的水大量参与水化反应而被消耗,浆体中的自由水越来越少,而水化凝胶产物对材料颗粒的黏结和支撑作用越来越强。它们最终填满浆体中的大部分空隙并占据水的位置,使浆体极限剪应力急剧增大并最终失去流动性。因此,浆体的稠化过程也就是在化学作用和吸附作用的共同影响下,浆体极限剪切应力和塑性黏度逐渐增大的过程。

浆体的稠化程度可以用以下两种方法来判断。

①简易法。这种方法是拿一根铁丝在料浆表面上划一条沟痕,如果浆体

尚没有稠化,这条沟痕还会很快流平闭合;如果浆体已经稠化失去流动性,则这条沟痕就无法流平闭合。这实际上是检测浆体是否还具有流动性。

这种方法的优点是十分简单,但无法定量,不够准确,更不能表示其稠化过程。

②曲线法。料浆极限剪应力随时间的变化曲线,可以看作料浆的稠化曲线,采用拨片法来测定各个时间的剪切应力,来绘制稠化曲线,当实际稠化曲线低于理想稠化曲线,表示料浆稠化太慢,有可能产生塌模;当实际稠化曲线高于理想稠化曲线,表示料浆稠化太快,有可能产生裂纹等现象。

(2)稠化过程与固化过程的关系。

固泡过程是气泡液膜逐渐失水并被水化凝胶层取代,它反映的是气泡表面膜层的变化。稠化过程是胶凝材料吸取料浆中的水产生水化并形成凝胶,使浆体因水的消耗和凝胶的生成而变稠,它反映的是整个浆体的变化。

固泡过程与稠化过程是紧密相连的,其内在因素均为胶凝材料的水化凝结作用。因此,从根本上讲,二者是一致的,并且有着密切的关系。

固泡能否成功,既取决于稠化速度,又取决于气泡液膜的稳定存在时间和消失的速度。如果稠化速度快,就表明水化凝胶产生的速度快,其加固并取代气泡液膜的速度也快。如果气泡稳定时间长,液膜消失的慢,则它被凝胶水化粒子加固和取代的机会才更多。稠化速度必须大于气泡消失速度。在气泡液膜消失之前它就被凝胶加固和取代,那么气泡就被固定。但若气泡消失得快,而稠化慢,气泡已经消失而浆体还没有稠化,气泡就不能被固定。

因此,要想让气泡被固定而转化为气孔,就必须提高泡沫的稳定性,延长液膜消失的时间,同时提高稠化速度,使稠化时间短于气泡液膜消失的时间。

气泡稳定时间和稠化速度这两个因素中,有一个因素达不到固泡要求,气泡就不能被固定,导致气泡破裂,泡内气体扩散而引起塌陷等浇注事故。

所以,延长稳泡时间和提高稠化速度,是保证固泡顺利、浇注成功的根本。

2.4 配合比设计

2.4.1 物理发泡配合比设计

1.物理发泡配合比设计的基本原则

导热系数和强度决定了泡沫混凝土自身的性能。物理发泡配合比应通过确定泡沫混凝土的干密度,达到控制泡沫混凝土导热系数和强度的目的。配

合比设计的基本原则如下:

①按泡沫混凝土干密度要求,确定水泥及粉煤灰用量。

②通过水泥及粉煤灰用量,确定泡沫混凝土用水量。

③按照胶凝材料、用水量,确定胶凝材料净浆体积。

④通过胶凝材料净浆体积,确定泡沫体积。

⑤按泡沫体积、实测泡沫密度,确定泡沫质量。

⑥根据泡沫质量、泡沫剂稀释倍数,确定泡沫剂的用量。

在确定各物料配合比时,应注意某些材料的缓凝性,它们会对早期强度变化特别是料浆的初凝有重要影响,加量较大时可能会降低浇筑的稳定性,甚至引起塌模,因此,要控制它们的用量。任何一种设计计算,与生产实际之间总会存在一定的偏差,还需要进行反复调整,然后才能在生产中应用,并不断完善。

2. 物理发泡配合比设计

水泥-粉煤灰-泡沫-水原料体系的泡沫混凝土配合比设计关系式为

$$\rho_{\mp} = S_a(M_c + M_{fa}) \tag{2.1}$$

$$M_w = \varphi(M_c + M_{fa}) \tag{2.2}$$

式中 $\rho_{\mp}$——泡沫混凝土设计干密度,kg/m^3;

S_a——泡沫混凝土养护 28 d 后,各基本组成材料的干物料总量和制品中非蒸发物总量所确定的质量系数,普通硅酸盐水泥取 1.2,硫铝酸盐水泥取 1.4;

M_c——1 m^3 泡沫混凝土的水泥用量,kg;

M_{fa}——1 m^3 泡沫混凝土的粉煤灰用量,kg,一般情况下 M_{fa} 为干粉料的 0~30%;

M_w——1 m^3 泡沫混凝土的基本用水量,kg;

φ——基本水灰比,视施工和易性,可做适当调整,一般情况下取 0.5。

1 m^3 泡沫混凝土中,由水泥、粉煤灰和水组成的浆体总体积为 V_1,按式(2.3)计算,泡沫添加量 V_2 按式(2.4)计算。即配制单位体积泡沫混凝土,由水泥、粉煤灰和水组成浆体体积不足部分由泡沫填充。

$$V_1 = \frac{M_{fa}}{\rho_{fa}} + \frac{M_c}{\rho_c} + \frac{M_w}{\rho_w} \tag{2.3}$$

$$V_2 = K(1 - V_1) \tag{2.4}$$

式中 ρ_{fa}——粉煤灰密度,取 2 600 kg/m^3;

ρ_c——水泥密度,取 3 100 kg/m³;

ρ_w——水的密度,取 1 000 kg/m³;

V_1——加入泡沫前,水泥、粉煤灰和水组成的浆体总体积,m³;

V_2——泡沫添加量,m³;

K——富余系数,通常大于 1,视泡沫剂质量和制泡时间而定,主要应考
　　虑泡沫加入到浆体中再混合时的损失,对于稳定较好的泡沫剂,
　　一般情况下取 1.1~1.3。

泡沫剂的用量 M_p 按下式计算:

$$M_y = V_2\rho_{泡} \tag{2.5}$$
$$M_p = M_y/(\beta+1) \tag{2.6}$$

式中　M_y——形成的泡沫液质量,kg;

　　　$\rho_{泡}$——实测泡沫密度,kg/m³;

　　　M_p——1 m³泡沫混凝土的泡沫剂质量,kg;

　　　β——泡沫剂稀释倍数。

3. 配合比设计实例

【例 2.1】 在无粉煤灰情况下,生产 1 m³干密度为 300 kg/m³的泡沫混凝
土的配合比计算。

解 普通水泥质量为

$$M_c/kg = 300/1.2 = 250$$

用水量为

$$M_w/kg = 0.5×250 = 125$$

净浆体积为

$$V_1/m³ = 250/3 100 + 125/1 000 = 0.206$$

泡沫体积(假设富余系数 K 取 1.1):

$$V_2/m³ = 1.1×(1-0.206) = 0.873$$

如泡沫密度实测为 34 kg/m³,泡沫剂使用时稀释倍数为 20 倍,则泡沫液
质量为

$$M_y/kg = 0.873×34 = 29.68$$

泡沫剂质量为

$$M_p/kg = 29.68/(20+1) = 1.41$$

从而可以计算出生产 1 m³干密度为 300 kg/m³的泡沫混凝土需要普通水
泥 250 kg,水 125 kg,泡沫剂 1.41 kg。其他干密度级别配合比设计见表 2.1。

表 2.1 1 m³ 普通水泥泡沫混凝土配合比

泡沫混凝土干密度级别/(kg·m⁻³)	普通水泥/kg	水($\varphi=0.5$)/kg	泡沫剂(按 1 : 20 加水稀释,发泡倍数 30 倍计算)/kg
200	167	83.5	1.54
250	208	104.0	1.48
300	250	125.0	1.41
400	333	166.5	1.29
500	417	208.5	1.17

【例 2.2】 在粉煤灰占干粉料总量 25% 的情况下,生产 1 m³ 的干密度为 250 kg/m³ 泡沫混凝土的配合比计算。

解 普通水泥与粉煤灰总质量为

$$(M_c+M_{fa})/\text{kg}=250/1.2=208$$

粉煤灰质量为

$$M_{fa}/\text{kg}=25\% \times 208=52$$

普通水泥质量为

$$M_c/\text{kg}=208-52=156$$

用水量为

$$M_w/\text{kg}=0.5 \times 208=104$$

净浆体积为

$$V_1/\text{m}^3=52/2\,600+156/3\,100+104/1\,000=0.174$$

泡沫体积(假设富余系数 K 取 1.1):

$$V_2/\text{m}^3=1.1 \times (1-0.174)=0.909$$

如泡沫密度实测为 34 kg/m³,泡沫剂使用时稀释倍数为 20 倍,则泡沫液质量为

$$M_y/\text{kg}=0.909 \times 34=30.91$$

泡沫剂质量:

$$M_p/\text{kg}=30.91/(20+1)=1.47$$

从而可以计算出生产 1 m³ 干密度为 250 kg/m³ 的泡沫混凝土需要粉煤灰 52 kg,普通水泥 156 kg,水 104 kg,泡沫剂 1.47 kg。其他干密度级别配合比设计见表 2.2。

表 2. 2　1 m³ 粉煤灰、普通水泥泡沫混凝土配合比

泡沫混凝土干密度级别/$(kg \cdot m^{-3})$	粉煤灰/kg	普通水泥/kg	水($\varphi = 0.5$)/kg	泡沫剂(按 1 : 20 加水稀释,发泡倍数 30 倍计算)/kg
200	42	125	83. 5	1. 53
250	52	156	104. 0	1. 47
300	62	188	125. 0	1. 41
400	83	250	166. 5	1. 28
500	105	312	208. 5	1. 16

【**例 2. 3**】　在使用硫铝酸盐水泥情况下,生产 1 m³ 的干密度为 200 kg/m³ 泡沫混凝土的配合比计算。

解　硫铝酸盐水泥质量为

$$M_c/kg = 200/1. 4 = 143$$

用水量为

$$M_w/kg = 0. 5 \times 143 = 71. 5$$

净浆体积为

$$V_1/m^3 = 143/3\ 100 + 71. 5/1\ 000 = 0. 118$$

泡沫体积(假设富余系数 K 取 1. 1)为

$$V_2/m^3 = 1. 1 \times (1 - 0. 118) = 0. 97$$

如泡沫密度实测为 34 kg/m³,泡沫剂使用时稀释倍数为 20 倍,则泡沫液质量为

$$M_y/kg = 0. 97 \times 34 = 32. 98$$

泡沫剂质量为

$$M_p/kg = 32. 98/(20 + 1) = 1. 57$$

从而可以计算出生产 1 m³ 干密度为 200 kg/m³ 的泡沫混凝土需要硫铝酸盐水泥 143 kg,水 71. 5 kg,泡沫剂 1. 57 kg。其他干密度级别配合比设计见表 2. 3。

表 2.3　1 m³ 硫铝酸盐水泥泡沫混凝土配合比

泡沫混凝土干密度级别/(kg·m⁻³)	硫铝酸盐水泥/kg	水($\varphi = 0.5$)/kg	泡沫剂(按1:20加水稀释,发泡倍数30倍计算)/kg
200	143	71.5	1.57
250	179	89.5	1.52
300	214	107.5	1.47
400	286	143.0	1.36
500	357	178.5	1.26

2.4.2　化学发泡配合比设计

1. 化学发泡配合比设计的基本原则

同物理发泡一样,化学发泡制备的泡沫混凝土导热系数和强度决定了自身的性能。因此,化学发泡的配合比也将通过确定泡沫混凝土的干密度,达到控制泡沫混凝土导热系数和强度的目的,基本原则如下:

①按泡沫混凝土干密度要求,确定水泥及粉煤灰用量。

②通过水泥及粉煤灰用量,确定泡沫混凝土的总用水量。

③按照胶凝材料、用水量,确定胶凝材料净浆体积。

④通过胶凝材料净浆体积确定发泡体积。

⑤按发泡体积确定发泡剂用量。

应注意的是,化学发泡的稳定性不如物理发泡,在实际生产过程中一般配合稳泡剂使用,并且会采取一些提高发泡速度的方法,如:添加催化剂、提高浆料温度等。

本配合比给出胶凝材料、水、化学发泡剂等基本原料用量的计算方法,在计算出基本用量之后,需要通过反复多次的试配实验进行调整。一方面是由于化学发泡对于外界环境十分敏感,因此影响实验结果的不确定因素较多,少量实验可能难以达到预测的效果;另一方面,配合比计算和实际生产应用难免会存在一些偏差,这也需要通过试配实验进行调整。基本原料的配比确定后,再进行其他影响因素和外加剂用量的调整。

2. 化学发泡配合比设计

水泥-粉煤灰-气泡-水原料体系的泡沫混凝土配合比设计关系式为

$$\rho_{\mp} = S_a (M_c + M_{fa}) \qquad (2.7)$$

$$M_w = \varphi (M_c + M_{fa}) \qquad (2.8)$$

式中　$\rho_{\mp}$——泡沫混凝土设计干密度,kg/m^3;

S_a——泡沫混凝土养护 28 d 后,各基本组成材料的干物料总量和制品
中非蒸发物总量所确定的质量系数,普通硅酸盐水泥取 1.2,硫
铝酸盐水泥取 1.4;

M_c——1 m³ 泡沫混凝土的水泥用量,kg;

M_{fa}——1 m³ 泡沫混凝土的粉煤灰用量,kg,一般情况下 M_{fa} 为干粉料的
0 ~ 30%;

M_w——1 m³ 泡沫混凝土的基本用水量,kg;

φ——整体水灰比,视施工和易性,可做适当调整,一般情况下取 0.5。

1 m³ 泡沫混凝土中,由水泥、粉煤灰和水组成的浆体总体积为 V_1,按
式(2.9)计算,泡沫添加量 V_2 按式(2.10)计算。即配制单位体积泡沫混凝土,
由水泥、粉煤灰和水组成浆体体积不足部分由气泡填充。

$$V_1 = \frac{M_{fa}}{\rho_{fa}} + \frac{M_c}{\rho_c} + \frac{M_w}{\rho_w} \qquad (2.9)$$

$$V_2 = K(1 - V_1) \qquad (2.10)$$

式中 ρ_{fa}——粉煤灰密度,取 2 600 kg/m³;

ρ_c——水泥密度,取 3 100 kg/m³;

ρ_w——水的密度,取 1 000 kg/m³;

V_1——加入发泡剂前,水泥、粉煤灰和水组成的浆体总体积,m³;

V_2——发泡体积,m³;

K——富余系数,通常大于 1,视稳泡剂质量和胶凝材料的凝结时间而
定,主要应考虑发泡剂加入浆体后搅拌和发泡过程中的损失,一
般情况下取 1.1 ~ 1.4。

发泡剂的用量 M_f 按下式计算:

$$M_c = M_h \cdot \frac{V_2}{0.022\ 4} \qquad (2.11)$$

$$M_f = \frac{M_c}{\beta} \qquad (2.12)$$

式中 M_c——制备 1 m³ 泡沫混凝土时,发泡剂中起发泡作用的物质的质量,
kg;

M_h——每生成 1 mol 体积(22.4 L)的气体需要的发泡物质的质量,kg,
可根据化学反应方程式计算确定;

M_f——1 m³ 泡沫混凝土中发泡剂的质量;

β——发泡剂的纯度。

3. 配合比设计实例

【例 2.4】 采用普通硅酸盐水泥为原料,发泡剂选用纯度为 27.5% 的工业纯过氧化氢,生产 1 m³ 干密度为 350 kg/m³ 的泡沫混凝土的配合比计算。

解 普通水泥质量为

$$M_c/kg = 350/1.2 = 292$$

总用水量为

$$M_w/kg = 0.5 \times 292 = 146$$

净浆体积为

$$V_1/m^3 = 292/3\ 100 + 146/1\ 000 = 0.240$$

发泡体积(假设富余系数 K 取 1.2)为

$$V_2/m^3 = 1.2 \times (1 - 0.240) = 0.912$$

发泡剂选用纯度为 27.5% 的工业纯过氧化氢,则有过氧化氢(H_2O_2)分解生成氧气的化学反应方程式:

$$2H_2O_2 \longrightarrow 2H_2O + O_2 \uparrow \tag{2.13}$$

由上述方程式可以得知,2 mol H_2O_2 可以释放出 1 mol 氧气,也就是说,每 68 g H_2O_2 可以释放出 22.4 L 氧气,则需要 H_2O_2 质量为

$$M_c/kg = 0.068 \times \frac{0.912}{0.022\ 4} = 2.77$$

需要发泡剂质量为

$$M_f/kg = \frac{2.77}{27.5\%} = 10.07$$

从而可以计算出生产 1 m³ 干密度为 350 kg/m³ 的泡沫混凝土需要普通水泥 292 kg,水 146 kg,发泡剂 10.07 kg。其他干密度级别配合比设计见表 2.4。

表 2.4　1 m³ 普通水泥泡沫混凝土配合比

泡沫混凝土干密度级别/(kg · m⁻³)	普通水泥/kg	水($\varphi = 0.5$)/kg	发泡剂(纯度为 27.5%工业纯过氧化氢)/kg
200	167	83.5	11.43
250	208	104.0	10.98
300	250	125.0	10.52
400	333	166.5	9.62
500	417	208.5	8.70

【例 2.5】 在粉煤灰占干粉料总量 30% 的情况下,发泡剂选用纯度为 34% 的工业纯过氧化氢,生产 1 m³ 干密度为 350 kg/m³ 的泡沫混凝土的配合

比计算。

解 普通水泥与粉煤灰总质量为

$$(M_c + M_{fa})/kg = 350/1.2 = 292$$

粉煤灰质量为

$$M_{fa}/kg = 30\% \times 292 = 88$$

普通水泥质量为

$$M_c/kg = 292 - 88 = 204$$

用水量为

$$M_w/kg = 0.5 \times 292 = 146$$

净浆体积为

$$V_1/m^3 = 88/2\ 600 + 204/3\ 100 + 146/1\ 000 = 0.246$$

发泡体积(假设富余系数 K 取 1.2)为

$$V_2/m^3 = 1.2 \times (1 - 0.246) = 0.905$$

发泡剂选用纯度为 34% 的工业纯过氧化氢,则根据式(2.13)可计算出需要过氧化氢的质量为

$$M_c/kg = 0.068 \times \frac{0.905}{0.0224} = 2.75$$

需要发泡剂质量为

$$M_f/kg = \frac{2.75}{34\%} = 8.09$$

从而可以计算出生产 1 m^3 干密度为 350 kg/m^3 的泡沫混凝土需要粉煤灰 88 kg,普通水泥 204 kg,水 146 kg,发泡剂 8.09 kg。其他干密度级别配合比设计见表 2.5。

表 2.5 1 m^3 粉煤灰、普通水泥泡沫混凝土配合比

泡沫混凝土干密度级别/(kg·m⁻³)	粉煤灰/kg	普通水泥/kg	水($\varphi=0.5$)/kg	发泡剂(纯度为 34% 工业纯过氧化氢)/kg
200	42	125	83.5	9.22
250	52	156	104.0	8.85
300	62	188	125.0	8.47
400	83	250	166.5	7.72
500	105	312	208.5	6.97

【例 2.6】 在使用硫铝酸盐水泥情况下,发泡剂选用纯度为 30% 的工业纯过氧化氢,生产 1 m^3 干密度为 350 kg/m^3 的泡沫混凝土的配合比计算。

解 硫铝酸盐水泥质量：

$$M_c/\text{kg}=350/1.4=250$$

用水量：

$$M_w/\text{kg}=0.5\times250=125$$

净浆体积：

$$V_1/\text{m}^3=250/3\ 100+125/1\ 000=0.206$$

发泡体积(假设富余系数 K 取 1.2)：

$$V_2/\text{m}^3=1.2\times(1-0.206)=0.953$$

发泡剂选用纯度为 30% 的工业纯过氧化氢，则根据式(2.13)计算出需要过氧化氢的质量为

$$M_c/\text{kg}=0.068\times\frac{0.953}{0.0224}=2.89$$

需要发泡剂质量为

$$M_f/\text{kg}=\frac{2.89}{30\%}=9.63$$

从而可以计算出生产 1 m^3 干密度为 350 kg/m^3 的泡沫混凝土需要硫铝酸盐水泥 250 kg，水 125 kg，发泡剂 9.63 kg。其他干密度级别配合比设计见表 2.6。

表 2.6　1 m^3 硫铝酸盐水泥泡沫混凝土配合比

泡沫混凝土干密度级别/$(\text{kg}\cdot\text{m}^{-3})$	硫铝酸盐水泥/kg	水($\varphi=0.5$)/kg	发泡剂(纯度为30%工业纯过氧化氢)/kg
200	143	71.5	10.71
250	179	89.5	10.35
300	214	107.5	10.00
400	286	143.0	9.29
500	357	178.5	8.58

第3章 泡沫混凝土生产工艺

3.1 泡沫混凝土生产工艺过程

3.1.1 生产过程

根据原材料的品种和质量,产品的不同用途和品质要求,主要设备的工艺特性,各地的不同生产条件等,泡沫混凝土可以采用各种不同的生产工艺。但是在一般情况下,它的生产工艺过程应该是大体相近的,主要工艺是基本相同的。下面将其主要工艺过程做一简要介绍,使读者先有一个总体的了解。

泡沫混凝土按工艺类型分为制品生产工艺和现浇工艺两种。这两种工艺只是在浇注方式和养护方式这两个后期工序上有些差别,在发泡和浆料搅拌这两个核心工艺上,二者还是基本相同的。

按照发泡方法分为物理发泡生产工艺和化学发泡工艺两种。图3.1是物理发泡生产泡沫混凝土工艺流程图。

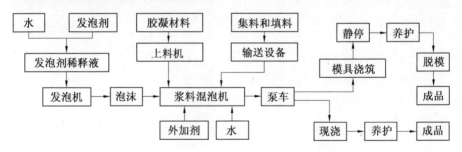

图3.1 物理发泡生产泡沫混凝土工艺流程图

化学发泡在投料顺序、发泡方法等方面与物理发泡有一定差异,其生产工艺流程如图3.2所示。

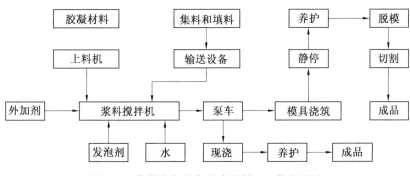

图 3.2　化学发泡生产泡沫混凝土工艺流程图

3.1.2　工艺特征

1. 胶凝材料浆体的制备

胶凝材料浆料可以是普通水泥、硫铝酸盐水泥、镁水泥等，以普通水泥使用最多。

因为泡沫或发泡剂要向胶凝材料浆体中混合，所以泡沫混凝土的生产首先要制备出胶凝材料浆体，物理发泡也可泡沫制备(发泡)和胶凝材料浆体制备同步进行。

制备浆体前，应将胶凝材料与填充料(粉煤灰)、轻集料(珍珠岩、聚苯颗粒等)计量，然后由输送机将物料提升并送入搅拌机。同时，水由计量泵送入搅拌机。搅拌机是一种专用高速制浆混泡设备，它可以快速均匀地制出近似于膏状的浆体，为加入泡沫或化学发泡剂做好准备。

2. 泡沫的制备(物理发泡)

在胶凝材料浆体制备的同时，发泡机已经制成泡沫，准备加入搅拌机和浆体混合。在制泡前，应先将发泡剂计量后加水稀释，制成水稀释液，原状发泡剂不能直接加入发泡机发泡。

3. 泡沫/化学发泡剂与胶凝浆体的混合

采用物理发泡方法时，泡沫和胶凝浆体制好以后，就可以使用机械或人工将泡沫加入搅拌机，与搅拌机内的胶凝浆体均匀混合，制成泡沫浆体。

而采用化学发泡方法时，需要在胶凝浆体制好以后，将发泡剂加入到浆体中，并立即搅拌，使发泡剂均匀地分散在浆体中并产生气体，同时需要控制好搅拌时间。

4. 卸浆与输送

将泡沫浆从搅拌机内卸出，直接流入泵车的储料箱内。开动泵车上的输送泵,即可将泡沫送往施工现场浇注或送至模具浇注成形。小规模生产无法泵送者,也可使用小型浇注车人工送浆浇注或现场浇注。需要注意的是,化学发泡在达到确定的搅拌时间后,重要立即浇注,并且浇入模具后,不可直接触碰浆料,否则很可能会导致浆料的塌陷。

5. 养护

现场浇注皆采用自然养护。模具成形制品可在浇注后先进行初养,达到脱模强度时脱去模具,再保温保湿进行后期养护。模制品的养护也可采用蒸汽,有条件的,也可蒸压。

6. 切割

若采用小型模具或异形模具,脱模即为成品,不需要切割,只需要对制品略加修整即可。但若采用大型模具成形,体积较大者,可在制品终凝后切割成需要的尺寸,再进行后期养护,有些制品在脱模后还进行其他加工。

3.2 物理发泡工艺

3.2.1 发泡机的应用现状及技术原理

发泡机就是能将发泡剂与一定浓度的水溶液制成泡沫的设备。发泡剂本身是不能自动成为泡沫的,它必须通过发泡机的机械作用才能成为泡沫。发泡机和发泡剂是相互配合的一个技术体系,不能单独发挥作用。

发泡机本身是不可能凭空产出泡沫的,它是将空气引入发泡剂水溶液中均匀分散,实现液气尽可能大的接触界面,以使发泡剂中的表面活性物质在液膜表面形成双电层并包围空气,形成一个个气泡。

泡沫混凝土的主体是泡沫,因而制备泡沫的发泡机就成了泡沫混凝土生产的关键设备。

发泡机最早出现于国外,其原始机型是采用叶轮高速旋转制泡,故又名"打泡机"。后来随着技术的不断进步,发泡机的技术含量不断提高,新的机型不断出现,形成了不同的技术体系。我国早在 20 世纪 50 年代就开始使用发泡机,但不是专用的发泡机型,而是采用砂浆搅拌机。即将发泡剂直接加入砂浆搅拌机或混凝土搅拌机,让发泡机和砂浆或混凝土一起搅拌生成泡沫。20 世纪 70 年代前后,开始出现专用的发泡机,即高速叶轮发泡机。以后又不断技术升级和换代,如今已发展为以高压充气为主体的第三代机型,基本可满足泡沫混凝土的需要。

发泡机的牌号和机型很多,但从发泡原理来划分,目前广泛应用的只有高速叶轮型、高压空气型、鼓风中低压型等三类。同一类机型的不同点,只是其附属设备与自动化控制方面的差异,发泡部分的结构是大体相同的。

不论何种发泡机,能够发泡的基本原理,就是将空气引入发泡剂溶液中。各种机型的变化在于引入气体的方式不同,因而效果也不同。

泡沫的形成有两个必需的因素,一是发泡剂溶液,二是空气,二者缺一不可。没有发泡剂溶液,包围气体的液膜就不会形成,也就没有气泡;而没有气体,单有发泡剂溶液,气泡也不能形成。

在气泡的形成体系中,发泡剂溶液是分散介质,气体是分散相,气体分散于液体中,才能形成气泡,再由无数气泡组成泡沫。除了发泡剂性能这个重要因素外,气体引入发泡剂溶液是另一个重要因素。而气体引入液体,必须靠发泡机来完成,即发泡机采用一定的方法将气体引入液体中。不同的发泡机,引入气体的方法不同,总的来说,发泡机引入气体的方法有以下几种。

1. 慢速旋转叶片引入气体

这是一种将气体直接引入掺有发泡剂的砂浆(或混凝土浆)中的方法。搅拌机叶片在推动浆体时,空气随搅拌机叶片进入浆体,另外,大量空气在浆体翻转时被裹入浆内,还有一部分空气是由水泥、集料带入浆内的。其中,由搅拌叶片带入浆内的空气及叶片翻动浆体裹入的空气占主体。

在空气进入浆体后,含有发泡剂表面活性物的液体将空气包围,在空气与液体的界面形成双电子层液膜,最终以液包气的方式形成浆体内的气泡。

由于这种方式叶片的旋转速度慢、引入气体少,所以气泡生成量小,发泡效果欠佳,效率较低。

2. 高速旋转叶片引入气体

这是一种依靠高速旋转叶片向发泡剂溶液中引入气体的方式,其气体的引入主要靠旋转叶片的作用力。这种机型的叶片一般要求高速旋转,转速应大于 700 r/min,一般为 700~1 400 r/min,叶轮端部的圆周速度应大于 20 m/s,才能获得较满意的效果。一定的高速旋转才能使叶轮在液体中暴露,和空气接触,引入空气。若转速太低,叶轮在液体中不宜暴露,引气量就很低。其合适的转速应以叶轮在液体旋转时暴露为宜。

叶轮引气的基本原理如下:当叶轮高速旋转时,带动发泡筒内的发泡剂溶液随之旋转,形成一个滚动的环流,并产生一个很大的漩涡。这时,位于发泡剂溶液顶部气液界面的气液两相粒子,就会相伴而下,呈快速螺旋状下降到漩涡的底部,在叶轮边缘 2.5~5 cm 处,形成一个湍流区。在这个区域内,气液两相粒子受到叶轮较强的剪力和冲击作用。分散成细小的分散体,很快地实现了气液的混合,使气体均匀分散于液体中,实现了气体的引入。其引入效率与转速、叶轮直径、叶轮距发泡筒的距离、叶轮叶片的形状等各种技术因素均有关,不只是转速决定的。高速叶轮都有引气作用,只是效率、效果、能耗不同。

3. 利用压力引入气体

这是目前国内外最普遍使用的引气发泡方式,也是比较科学的一种引气方式,是泡沫混凝土高压、中压发泡机的技术核心。

前述两种技术向液体引气的方式都较慢,且不均匀,泡径大,特别是泡径无法控制,完全依赖发泡机的随机性,无法保证泡径微小和泡沫均匀这两个最关键的技术指标。同时,其发泡量也是很难控制的。

为了有效解决上述这些问题,压力引起发泡的方式应运而生。它的主要原理就是利用各种可以产生空气压力的设备,把空气压入液相中,实现两相的均匀混合。在常压下,空气进入液体是较难的,而在一定压力下,则变得比较容易。这个空气压力不单是把气体压向液体中,同时也把液体压向气体中,实际是双相同时施压。这样,两相的混合就会速度快、效率高、均匀、气泡细小,达到了泡沫较理想的技术要求。

目前,我国所采用的压力设备主要有两种,一种是空气压缩机,另一种是鼓风机。空气压缩机产生的是高压,鼓风机产生的是中低压。因此,空气压缩机发泡效果更好一些。用空气压缩机发泡的,称为高压发泡机,用鼓风机发泡的,称为中低压发泡机。空气压缩机发泡主要控制其压力与排气量,而鼓风机发泡,则主要控制其风压风量。

由于空气压缩机制泡效果好,因而我国目前大多数发泡机采用的是空气压缩机。鼓风机发泡在我国也有不少应用,但相对于高压发泡,这种发泡方式还是较少的。高压空气发泡所制泡沫的泌水率低,气泡的泡径小,细密均匀,质量较高。

4. 高压射流引入气体

这是近几年正在尝试而还没有普遍应用的发泡方式。其基本原理就是利用射流产生的强大分散力,实现气相和液相瞬间大的表面接触,使二者均匀混合,并以液裹气形成泡沫。这种方式目前还看不出比高压空气发泡更多的优势,有待进一步探索和完善。

3.2.2 发泡机类别及机型

1. 低速搅拌发泡设备及工艺

（1）砂浆及混凝土搅拌机发泡及工艺。

这是国内外最原始的发泡设备，不能称得上是真正意义上的发泡机。但目前，这种发泡方式在我国仍然有不少企业使用。

这种发泡方法是将发泡剂和水泥及集料一同加入搅拌机，在制浆或制混凝土料的同时，依靠搅拌机叶片引入空气，使发泡剂起泡，并将泡沫混进砂浆或混凝土内。它是将发泡与混泡合为一体的工艺设备。

采用这种工艺设备的优点是简便易行，不需购置专门的发泡机，工艺简单，投资小。其主要不足是发泡剂不能充分发挥作用，发泡效率低，气泡产生得很少，而且泡沫大小不均匀，影响泡沫的稳定性和强度；泡沫产生量有很大的随意性，不易控制。采用这种工艺设备，在同等气泡产生量的情况下，发泡剂至少多用 2~4 倍。

一般来说，这种发泡剂适用于引气型砂浆及混凝土，或者对泡沫掺量要求很低，砂浆及混凝土密度在 1 500 kg/m³ 以上的较高密度砂浆或混凝土，而不适合用于 1 500 kg/m³ 以下的较低密度混凝土，特别不适合用于 700 kg/m³ 以下的低密度混凝土。

（2）低速搅拌充气发泡机及工艺。

这种发泡机是搅拌机发泡和高压发泡的嫁接式机型。

原始的砂浆及混凝土搅拌机发泡方法由于泡沫生成量少，效率也低，于是人们就想出了一个改进方法，这个方法就是采用由空心轴进入空心搅拌叶片，然后从叶片的气孔喷入正在搅拌的水泥浆体（或混凝土浆体）。由于高压空气的充气作用强，大量空气可在极短时间内和浆内发泡剂混合，并在液气界面形成气泡。这种方法以充气发泡为主，叶片带入空气及浆体卷入空气为辅，二者结合，发泡速度快，产泡量大，克服了砂浆及混凝土搅拌机的不足。

这种机型集发泡、混泡、搅拌三位一体，工艺流程短，设备少，可生产较低密度的泡沫混凝土，有一定的优点。

它的缺点是气泡大小不均匀，泡径无法控制，混凝土密度仍偏高（800~1 500 kg/m³）。另外，空心轴及空心叶片机械强度差，当料浆稠度稍大时易折轴，空心叶片易磨穿，更换频繁。

2. 高速叶轮发泡机及发泡工艺

高速叶轮发泡机及相应发泡工艺是继第一代工艺设备之后，出现的第二代泡沫混凝土工艺设备,也是真正意义上的发泡机与发泡工艺的起始。

高速叶轮发泡机与第一代工艺设备的最大不同是发泡与混泡分开,由一段工艺分为两段工艺,以后的发泡机大多都沿袭这种两段工艺。它是先由发泡机制好泡沫,再将发泡机所发泡沫用人工的方法,经计量后加入水泥浆搅拌机,与水泥浆混合成泡沫。

(1)技术特点。

由于发泡与混泡的工艺设备分开,所以,水泥浆体不再妨碍泡沫的生成,因而这种发泡工艺泡沫的生成量大,发泡剂的效用得到充分发挥,绝大多数发泡剂都可以被制成泡沫,发泡剂的气泡转化率可以达到70% ~85%,从发泡能力来讲,随设计大小不同,每小时可生产几立方到十几立方泡沫。

高速叶轮发泡机虽然发泡效率较高,但它的制泡质量较差。严格地讲,制出的泡沫是不合格的。特别是对超低密度泡沫混凝土,其制出的泡沫是不能使用的。这种泡沫质量差主要表现在以下几个方面:

①泡沫大小不均匀。泡沫最重要的一项技术要求就是要大小一致,尽量均匀,泡径范围一定要尽量小。但这种发泡剂却是越往上部越大,越往下部越小,大小特别不均匀。大泡可以达几十毫米,小泡仅几毫米,有些小于1 mm。

②泡径偏大。平均泡径在1 mm以上。

③泌水率偏高。由于设备特点的限制,下部泡沫的含水率较高,容易有一部分形成乳状液,因而泡沫的总体泌水率仍显偏高。

泡沫质量除存在的上述问题之外,这种机型还存在一个泡沫不宜卸出和输送的难题,只能靠工人从发泡机内取出,再加入搅拌机,影响功效和自动化控制。有些单轴卧式机型设计了翻转搅拌筒卸出泡沫,并直接卸入下位搅拌机,但对泡沫的远距离输送仍有难度。

(2)主要机型。

经过多年的应用和技术改进,高速搅拌发泡机形成了各种不同结构的机型,主要机型有以下几种:

①立轴叶轮式。这种发泡机的发泡筒为立式圆筒,在圆筒内有一根立轴,轴头上安装有固定可拆卸式叶轮,电机安装在发泡筒的上部,带动立轴高速旋转打泡。其筒口敞开,以便人工从桶内卸泡。这种发泡机的机筒是不可翻转卸泡的,有一定的局限性。图3.3是立轴叶轮发泡机的外观。

②立轴轮带式。这种发泡机立轴上的叶轮不是常规的叶片式,而是螺旋状带式,在螺旋的最下端安装有叶轮,在螺旋的上部安装有将大型泡沫消去的装置,可以使过大的泡沫得到控制。这种发泡机所制泡沫的泡径范围比立轴

叶轮式发泡机小一些,有一定的技术进步。

③立轴壁齿式。立轴壁齿式发泡机的主要变化是在筒壁的下部加装了一些壁齿(定子),与立轴上的叶片(转子)互相交错,当转子高速(800 r/min)旋转时定子可以协助转子打泡,提高了打泡效率。这种发泡机的结构如图3.4所示。

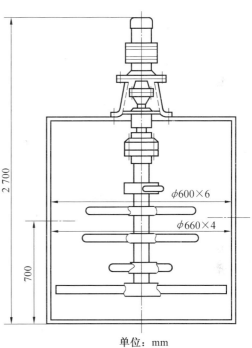

单位:mm

图3.3 立轴叶轮发泡机外观   图3.4 叶轮壁齿式发泡机结构

(3)卧轴叶片式。

卧轴叶片式发泡机采用卧式横轴,类似于卧式砂浆式混凝土搅拌机,以安装在横轴上的高速叶片打泡。因是卧轴,打泡机筒可以倾翻放料,卸出泡沫,将泡沫直接卸入设置在下位的水泥浆搅拌机内,实现泡与浆的混合。这种机型与立轴叶轮式发泡机相比,最大的优势就是可以翻转卸出泡沫,不必人工取出泡沫,加快了发泡速度,节省人工。但由于它的上口大,泡与空气接触界面大,上部更容易产生大泡,因而上部大泡更多,上下泡沫的差别也更大。这种发泡机的外观如图3.5所示。

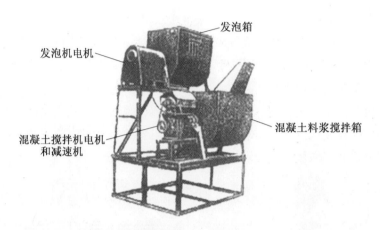

图 3.5　卧轴叶片式发泡搅拌机外形

3. 压力发泡机及发泡工艺

压力发泡机是继低速及高速叶轮(片)发泡之后的第三代发泡机,也是目前国内外的主流发泡机,在我国已得到十分普及的应用。随着泡沫混凝土向高品质方向的发展,这类发泡机的应用比例还会上升。

(1)技术特点。

这类发泡机由于采用压力向发泡溶液中引气,气泡迅速,发泡剂的发泡倍数大,泡沫细小均匀,有较高的泡沫质量和较低的发泡成本。

由于有空气压力,发出的泡沫可以输送,泡沫在压力下能够自动向高处或远处的搅拌机送达,不需另增泡沫输送设备或人工取泡沫,克服了第二代发泡机的不足,使用十分方便。

另外,这类发泡机大多轻巧,没有太重的部件,一般轻型机只有 100 kg 左右,大型重型机也只有几百千克,装运还是比较方便的。不少机型还装有万向轮(中小机型),可以移动施工,随时可以改变发泡位置,更加适合泡沫混凝土现场浇筑施工的需要。

压力发泡机也存在一些不足,例如需配备自动控制装置,若靠目前的人工调节,有时会影响泡沫质量。目前,国外设备都有自控装置,而国产设备大多为人工控制。这种发泡机的另一不足是有一定的噪声(空气压力装置)。

(2)机型主要种类。

压力发泡机目前主要有高压空气发泡机和中低压空气发泡机两种。它们均采用带有一定压力的空气发泡,主要区别就是压力不同,因而在发泡机理及结构上有很大区别。

①高压空气发泡机。高压空气发泡机的空气压力来自空压机,其压力值一般为 0.4～1.0 MPa,排气量为 0.2～2.0 m³/min。不同的压力和排气量,其泡沫产量和质量均不相同。

由于高压空气发泡机采用压力较大的空压机,所以发泡速度及质量优于中低压鼓风发泡机,是比较先进的压力发泡机型。这种高压发泡机在我国的应用最普遍。高压空气发泡机由以下几大部分组成:

a.气源。一般采用空压机。

b.制泡装置。通过这个装置发泡剂在空气作用下制成泡沫。

c.液气混合装置。这个装置对泡沫质量有很大影响。

d.发泡控制装置。分全自动控制与人工控制两种。

e.泡沫计量装置。分自动化计量与人工计量两种,有些机型没有泡沫计量装置。

f.发泡剂储料及输送装置。有连续输送及间歇输送两种。

这只是高压空气发泡机的主要构成单元,目前各地高压空气发泡机在此基础上有一定增减,不尽相同。高档机型配置多一些,自动化程度稍高一些,简易机型配置少一些,靠人工控制。

目前,有些发泡机和搅拌机(制浆、混泡)、输送泵(输送泡沫水泥浆)、泡沫水泥浆布料杆四个单元设备全部合为一体,形成组合式多功能发泡机组,上述发泡机只是其中的一部分。这种发泡机组目前也称为发泡机,但它是一种广义的发泡剂,和一般的发泡机有很大的区别,它实际上是发泡、水泥制浆混泡、泡沫水泥浆输送和布料一体机。这种组合式多功能机组的优点是配置完全而紧凑,占地小,功能齐全,使用方便;缺点是设备庞大笨重,移动不便(配有机动泵车的除外),价格高昂。

现在市场上出售的发泡机多是发泡机与搅拌机、泵车分开的,没有组合在一起,可根据需要配置。

图 3.6 是国产小型高压空气发泡机。图 3.7 是国产发泡、搅拌一体机型。

②中低压鼓风发泡机型。称这种发泡机为"中低压",是因为它和高压空气发泡机相比,不采用空压机,而采用压力较低的鼓风机作为气源。鼓风机压力大的,称为"中压",压力小的,则称之为"低压"。中压鼓风机的压力小于

50 kPa,低压鼓风机的压力小于 5 kPa,它们远远低于空压机的压力。

图 3.6　高压空气发泡机

图 3.7　国产发泡、搅拌一体机型

　　鼓风发泡机由于风机远比空压机的体积及质量小,所以十分轻便,一般质量在 100 kg 以下,较大机型也不超过 150 kg。大多数机型都安装有万向轮,可使发泡机由一个人推着十分方便地任意行走移动,是属于一种轻便移动机型,特别适合于施工规模不大的现场浇筑。它的不足是由于压力小,压入发泡液中的气量不如空压机,因此发泡效果比高压空气要逊色得多。目前,这种发泡机在我国有一定的应用,但不是很广。图 3.8 是国产鼓风发泡机。

图 3.8　国产鼓风发泡机

3.2.3　发泡机的选择和使用

1. 发泡机的选择方法

现在市场上出现的发泡机种类繁多,使许多人在选择时不知所措。为了便于大家正确选择发泡机,现将选择方法介绍如下。

(1)充分了解发泡机的发泡原理。

这是选择发泡机时首先要弄清的一个最重要的问题。每种发泡机的发泡原理都不完全相同,但基本原理大都只有上面章节介绍的几种,可以对照参考。

了解发泡机发泡原理对进一步了解它的技术特征和使用性能有很大帮助。不同发泡原理就有不同的设备结构、设备性能。了解了它的发泡原理,也就对这种发泡机有了总体的把握,弄清了选择的大方向。

(2)弄清发泡机的类型。

发泡机无论有多少品牌和名称,归根结底,在目前也只有前面介绍的低速搅拌型、高速叶轮型、高压性三类。不同类型的发泡机性能差别是相当大的。了解其机型类别对深入了解它的性能至关重要。知道了发泡机的类型,即使厂家不介绍它的技术特点(优缺点和适应范围),也能做到心中有数。

表 3.1 是不同类型发泡机的技术特点及适用范围,供大家在选型时参考。当然,这必须在弄清发泡机的真实类型的情况下才有用。

表 3.1　不同类型发泡机的技术特点及适用范围

发泡机类型		技术特点	适用范围
低速搅拌型	普通砂浆及混凝土搅拌机	工艺简单,投资小,可就地购买,发泡量小,发泡剂用量大,混凝土密度大	①适用于引气砂浆及引气混凝土 ②适用于密度为 1 500 kg/m³ 以上的高密度泡沫混凝土
	空心轴充气搅拌机	投资较小,发泡与搅拌合为一体,发泡量较大,混凝土密度较低(但仍高于 1 000 kg/m³)	①适用于大引气砂浆及引气混凝土; ② 适用 于 密 度 为 1 000 ~ 1 500 kg/m³ 的泡沫混凝土
高速叶轮型	立式叶轮型	结构简单,易维修,投资较小,泡沫大小均匀,泡径不易控制,卸出泡沫全靠人工	适用于密度为 500 kg/m³ 以上高密度及对质量要求不高的泡沫混凝土
	卧式叶片型	可与搅拌机上下位配置,泡沫直接卸入搅拌机,泡沫均匀,泡径难控制	适用于密度为 500 kg/m³ 以上中高密度及对质量要求不高的泡沫混凝土
压力型	高压空气型	投资略高,有易损件,结构稍复杂,泡沫质量高,泡径小,泡沫均匀,产泡量大	适用于密度为 200 kg/m³ 以上的各种密度的高品质泡沫混凝土
	中低压鼓风型	投资小,维修方便,结构简单;泡沫质量不如高压空气型,泡径偏大	适用于密度为 500 kg/m³ 以上的中高密度泡沫混凝土

（3）掌握发泡机的一些基本参数。

弄清机型是一个大体的了解,不是具体的了解。在这个基础上,应进一步了解发泡机的几个重要参数,以判定是否适合自己的生产要求。

①产量。产量必须略高于自己的需泡量 20% ,以留有余地。其产泡量应以下限而不是上限为核定计算依据。

②装机容量。以核算电器电路对总用电量的适应性。

③设备尺寸。以确定车间的高度和面积。

④泡沫泡径范围。一般应根据产品对泡径的要求来对照。

（4）认真了解发泡质量,并以实地试机来核定。

发泡机的终极产品是泡沫,泡沫质量是判定发泡机性能优劣的唯一标准。判定发泡机的发泡质量,应以下面三个方面为主,即泡沫细密性、泡沫均匀性和泡沫泌水性。发泡机在这三方面能否达到要求,应通过试机来确认核定。

①所制出的泡沫必须细小绵密。泡沫的大小对泡沫混凝土质量影响很大,主要影响有以下几点:

a.泡径越小,泡沫混凝土强度越高;泡径越大,泡沫混凝土的强度就越低。泡径与强度成反比。

b.泡沫越大,连通孔越多,吸水率越高,抗压力越差,在浆体初凝前受到浆体挤压更容易破裂连通。

c.气泡越大,浇筑稳定性越差。

d.气泡越大,泡沫混凝土的保温性就越差。试验表明,同等密度泡沫混凝土,小泡比大泡的保温效果好。

根据上述原理,泡沫混凝土所用泡沫必须细小,以保证泡沫混凝土的质量。为此,发泡机制出的泡沫泡径必须小于1 mm,约在0.5～1 mm之间为最佳,太小了既影响产量又对强度提高也不大。研究表明,混凝土中1 mm以上的孔即为有害孔,所以必须控制泡径在1 mm以下。当然,特殊技术要求除外。为满足特殊要求对大泡径的需求,发泡机应有泡径控制与调节功能,当需要的时候,能够变化泡径。

②所制出的泡沫均匀、泡径分布窄。泡沫大小越不均匀,浇筑后越容易塌陷。另外,在搅拌输送时泡沫损失量越大,浪费发泡剂也越多。因为,大小不均匀的泡沫最容易破灭。泡径分布越窄,泡沫就越稳定。

③泡沫泌水率低,不出乳状泡沫。泌水率越高,泡沫的质量就越差。因为泌水率高就意味着气泡壁太厚和泡间液量大。泡间液量大就表明发泡液没有变成气泡膜的量大,即水多泡少。

另外需要提醒大家的是,泡沫含水量高,水多泡少,就意味着发泡剂的浪费大,大量的发泡剂没有被制备成泡沫,降低了发泡剂的发泡倍数。图3.9是含水量小的泡沫,因含水量小,外观如白棉。图3.10是含水量大的泡沫,因含水量大,在地上流淌,呈乳状。

图 3.9　含水量小的泡沫　　　　　　图 3.10　含水量大的泡沫

2. 发泡机的使用

　　发泡机的种类很多,且每种都有自己的使用方法,各机型的使用方法不可能相同。但其大体步骤是一样的,都包括发泡液配制、发泡液输送(或加入)、发泡和泡沫计量(也有的不计量)等几个工艺单元。

　　目前,高压发泡机使用最广,因此,这里就以高压发泡机为例,介绍一下发泡机的使用和发泡工艺。

　　(1)发泡机的工艺过程。

　　①发泡液的配制。发泡剂一般浓度都较大,不能直接加入发泡机使用,一是浪费太大,二是浓度太高制备不出优质泡沫。因此,发泡剂在使用时均应先配成稀释液。

　　发泡液的浓度与发泡效果关系最大。当浓度太高时,发泡液的发泡倍数下降,并非浓度越大泡沫越多,而是浓度越大泡沫越少。但发泡液的浓度也不能太低,太低也会影响发泡倍数,产泡量降低,出现液多泡少的现象。只有当浓度合适时,才会得到高发泡倍数、高质量的泡沫。发泡液合适的浓度与发泡剂的品种有关,不同品种有不同的合适浓度。这可以按照发泡剂生产企业的建议浓度,并结合自己的实验来确定。

　　如果原装发泡剂在生产厂内已经加入了稳泡剂,在配制发泡液时就不必再另外加入。但若原生产厂内没有加稳泡剂,且自己试用时泡沫稳定性不满意,就可以在配制发泡液时加入一定量的稳泡剂。

　　如果发泡剂的发泡倍数小,泡沫形成量较低,可以在发泡液配制时再加入少量的增泡剂。增泡剂也是一种表面活性物质,它可以明显增加泡量,提高单位发泡剂的生成量。增泡剂的增泡率约为 20% ~ 30%。

　　发泡液配制好之后,可以储存在储料槽内,密封备用,严禁进入尘土和碎屑等杂质。

②发泡液的加入。发泡液可在发泡机开机前 20 min 加入。在加入前应将发泡液过滤,使发泡液纯净。

发泡液加入发泡机内的方式可采用人工加入,也可以采用全自动泵送。当采用人工加入时,应排出机内的空气,否则发泡液就加不进去。全自动连续加入是带压的,不需排出机内空气。

③发泡。发泡液加入完毕,就可以开机发泡。发泡最重要的一点就是控制气液的比例。若是高压空气进入得太多,气多水少,泡沫量很小,则形不成液膜,空气无法被发泡液膜包围,成泡率低。若是发泡液进入机内太多,水多气少,就会形成乳状液,泡沫不合格,发泡液浪费大,且泡沫产量低。

④泡沫的计量和输送。在泡沫制出以后,应经过计量再加入搅拌机和水泥浆混合。若不计量而凭感觉加泡,就会使水泥浆与泡沫比例失调,生产的混凝土就达不到设计的密度。

泡沫计量一般采用体积计量法。可用计量筒($0.1 \sim 0.5 \ m^3$)来计量,在发泡时将泡沫直接打入计量筒内,人工计量后加入搅拌机。也可以采用泡沫自动计量器计量。采用自动计量器的,计量装置安装在出泡管道上,泡沫可直接经管道输入搅拌机。

(2)发泡机使用应注意的事项。

①注意降温。发泡机的电机长时间工作,很容易升温过高,如果不及时降温,会造成电机被烧坏,在夏季高温季节,更容易发生这种现象。因此,在发泡机长时间工作时,要注意及时降温。如果发现电机过热,可以将发泡机的机门打开,让其自然通风;或者用电风扇、鼓风机对电机进行降温处理;或将电动机旁边的机壳卸下,增加其散热能力。如果采取这几种措施,仍不能很好降温时,应考虑暂时停止发泡,让电动机休息 10 ~ 20 min。

②减少发泡机振动。发泡机的动力装置在工作时,会产生一定的振动。这种振动会对已经形成的泡沫产生破坏作用。同时,振动过大时,还会造成机上安装的仪表损伤。所以在安装发泡机时,要尽量使用地脚螺丝,将发泡机固定在地上,当螺丝松动时,要及时拧紧。如果是移动式发泡机,要安装稳定地脚,在使用时,将移动轮抬起,使地脚稳定,尽量使发泡机具有良好的稳定性。

③发泡机漏水处理。发泡机发生漏水,一般是由于发泡剂进液管或阀门所造成的。这时可以检查进液管是否破裂,接头是否松动或没有拧紧。也可以检查阀门是否松动或损坏,如果是阀门损坏要及时更换。发泡机发生漏液现象容易造成发泡液的浪费,并影响泡沫的质量,所以一旦出现漏液,应及时

停机检查,找出漏液部位,并尽快给予处理。

④发泡机漏气的处理。发泡机利用高压空气做气源,由于空气的压力比较大,也容易发生漏气现象。当出现漏气现象时,会使发泡量减少,泡沫质量下降。容易造成漏气现象的情况有:高压气阀长期使用老化破裂造成漏气;气管接头长期使用已经损伤造成漏气;电磁阀或其他部件生产故障产生漏气;制泡装置密封不严或密封失效造成漏气。漏气的原因不外乎以上4种,发生漏气时,要按以上4种原因逐步排查,及时排除故障。

3.3 搅拌混泡(化学发泡剂)工艺

3.3.1 物理发泡的搅拌混泡

对于物理发泡来讲,搅拌制浆与混泡是泡沫混凝土三大主要工艺之一,与发泡和泵送浇注共同完成泡沫混凝土的生产。它是发泡与浇注的中间环节,作用重大。

1.搅拌与混泡工艺简况

搅拌与混泡工艺包含两个工艺单元。第一单元为制备胶凝材料浆体,第二单元为胶凝材料浆体与泡沫的混合。两个工艺单元均在搅拌机内完成,因此,搅拌机是这一工艺的核心设备。

(1)胶凝材料浆体的制备。

泡沫混凝土采用的胶凝材料主要是水泥、菱镁、石膏,但以水泥居多。胶凝材料在加入泡沫前必须先用搅拌机制成浆体,然后才能将发泡机所制出的泡沫混入并搅拌均匀,成为浇筑所用的泡沫混凝土浆体。

(2)泡沫与胶凝材料浆体的混合。

发泡机制出的泡沫必须混入胶凝材料浆体才能浇筑成形。在泡沫和胶凝材料同时分别制好以后,二者就可以在搅拌机或者混合机内混合。一般是将泡沫加入胶凝材料浆体。二者混合均匀是非常不容易的,因为泡沫非常轻,漂浮性强,而胶凝材料很重、下沉性强,难以达到均匀性。泡沫混合的均匀程度在很大程度上决定了浇注的稳定性。

(3)搅拌机与混泡机。

胶凝材料浆体的制备和泡沫的混合,在大多数情况下,均采用同一台搅拌机完成。在搅拌机内先制备胶凝材料浆体,制好以后,再加入泡沫混合均匀。这种制浆及泡沫混合方法是间歇进行的,不能连续进行,适用于产量不是太高,无法连续生产的间歇工艺。当产量很高,要求制浆与混泡连续不断地进行时,制浆与混泡就无法在同一台搅拌机内完成,另需增加一台专用混泡机。这样,搅拌机连续制浆,混泡机不停地混泡,就可以实现连续式生产。连续生产可大大提高生产效率。

（4）对搅拌混泡的认识误区。

重发泡、轻搅拌混泡,这是目前泡沫混凝土生产中普遍存在的认识误区。具体表现在以下几个方面:

①对搅拌机选择十分随意。在搅拌机选择时,不考虑泡沫混凝土的技术特点,把泡沫混凝土的搅拌等同于普通砂浆或混凝土,不知道泡沫对搅拌的一些特殊要求。

②用搅拌砂浆或混凝土的方法搅拌泡沫混凝土。不少企业及生产者不但搅拌机选择不当,搅拌方法也不恰当。常规的砂浆及混凝土容易搅拌,生产较粗放,要求不是那么严格。泡沫混凝土的料浆搅拌是十分严格的,从物料的准确计量,投料方式,搅拌时间,料浆的均匀性等,都要有一系列严格的规程。

③忽视混泡的均匀性。混凝土中泡沫对泡沫混凝土性能影响最大,混泡的均匀性是浇注成功及提高性能的保证。如果混泡不均匀,大量泡沫在浆面漂浮,造成浇注分层,易塌模,而且也影响泡沫混凝土的强度及其他性能。

2. 搅拌与混泡工艺特点

泡沫混凝土的搅拌与普通砂浆或混凝土的搅拌有很大的不同,技术难度要大得多。

泡沫混凝土的搅拌分为两个阶段:第一阶段为胶凝材料浆体制备,第二阶段为泡沫混凝土浆体制备,两个阶段浆体性质大不相同。

（1）胶凝材料浆体制备的工艺特点。

普通砂浆所用的原料是水泥石灰和砂子,其中水泥或石灰只占10% ~ 20%,砂子占80% ~90%,大量砂子降低了水泥、石灰的黏性,使其易于分散和搅匀。混凝土原料为水泥、砂子、碎石,水泥比例也非常低,一般仅为12% ~ 15%,大量砂子、碎石也使其黏性很低,非常容易分散。

泡沫混凝土则以水泥等胶凝材料为主料,有时加入一部分粉煤灰,一般不加入砂子或碎石,只有在配制 800 kg/m³ 以上的高密度泡沫混凝土时才加少量砂子。泡沫混凝土的大部分产品密度为 200 ~ 600 kg/m³,而这一部分主体产品为控制密度,是不加入砂石的。

由于泡沫混凝土浆体中一般没有砂子和碎石,因此浆体稠度很大,这也增加了分散的难度。由于要加入泡沫,而泡沫里含有一定量的水,部分泡沫在搅拌时破裂也释放水,这些水会使浆体在混合时迅速变稀,泡沫加量越大,浆体变稀就越严重。为了使第二阶段能够加泡沫,第一阶段的浆体就应该偏稠一些,这更加剧了浆体分散的难度,使浆体既黏又稠,在搅拌时易裹团,并大量黏附在搅拌筒壁、搅拌轴和搅拌叶片等部位。

上述黏度大、稠度高的特点,使胶凝材料浆体搅拌均匀十分不易,表面看似均匀,但其中往往夹有许多分散不好的团粒,用传统的设备和工艺就很难达到高均匀性的技术要求。

(2)泡沫混凝土浆体制备的工艺特点。

第一阶段所制备出的浆体只是第二阶段的准备,在第二阶段加入大量泡沫并搅拌均匀后,才能形成泡沫混凝土浆体。

①泡沫和其他固体物料的密度悬殊太大。优质的泡沫比聚苯颗粒泡沫塑料还要轻,向搅拌机内添加时,是在水泥等胶凝材料浆体之上,就使它漂浮在浆面不易进入浆里,增加了混合的难度。

②泡沫加量特别大,不易与胶凝浆体混匀。泡沫混凝土以低密度为特色,密度一般在 700 kg/m³ 以下。为达到此密度,泡沫加量是很大的,一般为胶凝材料浆体体积的 1~10 倍,大多为 2~6 倍。如此大的泡沫加量,水泥等胶凝浆体就显得很少。在泡沫多而水泥等胶凝浆少的情况下,要把这又重又少的水泥等胶凝浆体混匀到泡沫里,非常不容易。混凝土密度越低,混泡难度就越大。

③泡沫易破,经不起搅拌。在我们平时搅拌砂浆或混凝土时,不存在材料损失问题,不论如何搅拌,水泥与砂石均不会损失太大,因而可以采用强力或延时搅拌来提高均匀性。但泡沫却易破损,搅拌作用会使之破灭,其破损率随搅拌力度和时间而加大。为了保护泡沫,就要尽量缩短搅拌时间,降低搅拌力度,而这也给均匀混合增加了难度。

④泡沫含有一部分水,其泌水性增加混合难度。泡沫的液膜是由水形成的,液膜越厚越易排水,另外它还含有一定量的泡间水。在搅拌作用下,液膜排水增强,泡间水增多。这些水无疑会使浆体变稀,使水灰比失调。为防止泡沫的加入使浆体过稀,在胶凝材料制浆时一般采用低水灰比。这也增加了分散的困难,浆体易形成团粒,难以分散成细浆。当这些团粒粒径在 10 mm 以下时,易漂浮在泡沫浆内,极易造成浇注时下沉塌模。这种情况在 500 kg/m³ 以下密度泡沫混凝土的搅拌时最容易发生。

泡沫混凝土搅拌的这种工艺特点,决定了它的搅拌设备与搅拌方法必须与普通混凝土有较大区别,不能套用,要在许多方面予以技术改进和创新,使设备与工艺适合泡沫的特性。

3. 搅拌与混泡对泡沫混凝土的影响

搅拌机第一步要先制好胶凝料浆，第二步才混入泡沫。第一步是第二步的基础，对泡沫混入质量影响最大；第二步混泡又是成品质量的基础，泡沫混合质量决定成品制得是否成功及质量优劣。现将二者的工艺影响简述如下。

（1）胶凝浆体搅拌制备对泡沫混凝土的影响。

当浆体的均质性非常好，稀稠合适且富于黏性时，水泥可发挥最大的胶凝效能，其颗粒可散布并悬浮于浆体中，使每个泡沫液膜都能均匀吸附，形成浆体包裹层厚度一致的气泡，在凝结后形成强度较好的泡沫混凝土。而当浆体质量不好时，水泥颗粒不能均匀分布于泡沫液膜表面，对泡沫的加固、稳定、固定等作用减弱，混凝土强度就会下降，为了弥补混凝土强度的不足，水泥用量随之加大，不加大就无法保持泡沫混凝土的强度。泡沫中的微细气泡很小，要让每个泡沫液膜都能均匀吸附水泥颗粒，没有良好的搅拌是办不到的。良好搅拌与非良好搅拌的泡沫混凝土，在其他条件相同时，强度可相差 3% ～ 10%，甚至相差 20%。

（2）混泡工艺对泡沫混凝土的影响。

混泡的主要作用是将泡沫均匀、快捷、稳定地混入胶凝材料浆体，为泡沫混凝土气孔的形成创造更好的泡沫条件。这一作用发挥的好坏将决定泡沫混凝土的密度、气孔率、气孔分布、强度等性能，对泡沫混凝土具有重大的影响，另外也会对浇注稳定性带来影响。

①混泡的稳定性影响泡沫混凝土的密度和气孔率。如果混泡工艺合理，混泡的方法得当，在混泡时泡沫可以快速进入浆体并均匀分布，泡沫在混合中很少破灭，十分稳定，绝大部分泡沫得以在浆体中存留。这样的泡沫浆体所制取的泡沫混凝土因泡沫量大，密度相对较低且符合设计要求。但如果混泡工艺不合理，泡沫就会在混合时大量破灭，加大泡沫混凝土的密度，达不到设计的密度要求。例如，搅拌机叶片对泡沫造成的损失，固体物料的摩擦对泡沫的损伤，外加剂加入时对泡沫的损伤等。泡沫在搅拌时多少总要有一些损失，损失率的高低取决于搅拌设备及搅拌工艺。

②泡沫加量的精确性影响泡沫混凝土密度。泡沫加入量的多少往往是混泡首先考虑的问题，泡沫多采用体积比加入胶凝浆体，计量有困难，往往掌握不准泡沫与胶凝浆体的比例，使二者失调。结果造成实际的混凝土密度与设计密度有较大差距。如何保证较准确的泡沫加入比例，保持泡沫应有的加入量，是混泡的一个重要课题。

③混泡质量影响浇筑稳定性和成功率。泡沫很轻,浆体又很重,要把漂浮性很强的泡沫混入浆体是不容易的。若混泡质量高,大量泡沫就不会漂浮在搅拌机内的浆面上,卸出的料浆也是含泡量大致相同的,浇注时,就不会出现有的部位泡多,有的部位泡少,泡沫浇注体出现密度差,也不会出现浇注时塌模。但如果泡沫混合得不好,搅拌结束时仍有大量泡沫漂浮,就会使含泡量大的上部浆体在浇注后塌模。另外,一部分没有分散开的胶凝浆团,在浇注后下沉,把下部气泡压破,同样出现塌模。

3.3.2　化学发泡搅拌

与物理发泡不同,化学发泡是在胶凝材料浆体搅拌好之后,再向浆体中加入发泡剂继续搅拌发泡,而不是预先制备泡沫,再将泡沫搅拌混入胶凝材料浆体中。

1.搅拌发泡特点

对于化学发泡来讲,搅拌发泡是所有工艺环节的核心,如果处理不好,浇注后浆料容易出现塌模、孔径不均匀、孔隙连通、产品密度偏高等问题。由于化学发泡独特的发泡方法,使得其在生产工艺中的各项要求也不同于物理发泡。

(1)胶凝材料浆体的制备。

化学发泡制备胶凝材料浆体时,在满足工作性的前提下,水灰比可以比物理发泡稍低一些。原因是物理发泡为使胶凝浆体能够与泡沫均匀搅拌并不会破泡,一般水灰比较高,而化学发泡是在胶凝材料浆体中直接发泡,没有这方面的问题,因此水灰比可以低一些。因此,在相同密度的情况下,化学发泡制备泡沫混凝土的强度一般高于物理发泡。

(2)对搅拌速度的要求。

在搅拌混泡的工艺环节中,用于物理发泡的搅拌机转速约为 60 r/min,而化学发泡搅拌机的转速较高,一些企业在实际生产中可以达到 1 000 r/min 甚至更高。原因是物理发泡的泡沫在搅拌进入浆体之前就已经制备好,并且泡沫体积较大,泡沫也有一定强度,只需有适当的搅拌机在较低的转速下将其混合均匀即可。并且,物理发泡在搅拌混泡时,如果搅拌机转速过高,则会使部分泡沫破坏,这些原因都要求物理发泡的混泡搅拌机转速不需过高。但化学发泡的发泡剂在加入胶凝材料浆体时体积很小,如果搅拌速度不够高,则很难在短时间内使发泡剂均匀地分布在胶凝材料浆体中,这就很容易造成在搅拌混合均匀之前,发泡剂就已经开始发泡,在这种情况下如果继续搅拌的话就会牺牲大量泡沫,使产品达不到理想的密度,而如果停止搅拌,马上浇注,则不均匀的发泡剂会使浆料的孔径偏大并且不均匀,还会由于局部气体过多而导致气孔分布不均匀,严重时还会导致塌模。因此,化学发泡在将发泡剂加入胶凝材料浆体中后,需要高转速的搅拌机使发泡剂在极短的时间内均匀分布于胶凝材料浆料中,从而在浇注后可以得到孔径尺寸、结构以及密度均比较合理的产品。但搅拌速度提高也对搅拌机的性能提出了更高的要求,并且也涉及电力成本问题,因此需要通过实验以及试生产进行调试确定。

（3）对搅拌时间的要求。

在搅拌时间方面,物理发泡一般无太多要求,在大多数情况下,直接现场测量浆料湿密度和用肉眼观察,达到泡沫与胶凝材料浆体混合均匀即可。但是化学发泡则无法用肉眼观察,更无法现场测量浆体的湿密度,而如果搅拌时间过长,则会牺牲大量气泡,如果时间过短,则又不能充分搅拌均匀,因此化学发泡需要经过多次反复试验,确定最佳的搅拌时间,一般在 20~40 s 之间。

（4）对搅拌环境的要求。

化学发泡对外界环境比较敏感,生产车间内气温的变化、空气干湿度的变化以及噪声的出现等都很可能引起塌模现象。在实际生产中经常会出现这样的现象:同样一组配比,同样的生产工艺,在不同时间生产的产品密度相差悬殊,这就是在不同时间生产时外界环境的不同而引起浆料出现变化,最终影响产品的品质。因此,化学发泡在确定生产工艺和外界环境后,尽量不要使生产环境发生变化,并且避免噪声。否则可能又需要重新进行试验调整生产工艺和配比。

3.3.3　搅拌技术

1.搅拌技术要求

（1）胶凝材料浆体搅拌的技术要求。

制好的浆体的均匀性要求特别高,应比普通砂浆高一个档次。要点概括如下:

①高度均匀,不允许有团块及大颗粒存在。

②稠度合适,既不能太稠,亦不能太稀,必须与泡沫（发泡剂）加入量相匹配。

③细腻柔滑,富有光泽和弹性,外观良好。

④有较好的黏性和分散性,易于分散而又有一定的黏度。

⑤没有缓凝性,以利固泡,最好有早强或快凝性,但不可速凝。

（2）物理发泡浆体搅拌的技术要求。

物理发泡是在胶凝材料浆体中加入泡沫，进行第二次搅拌，所制得的浆体即为泡沫混凝土浆体。它的技术要求更高，其要点概括如下：

①浆体均匀性好，上部没有泡沫漂浮积聚，下部没有料团沉积，浆体呈悬浮性均匀分散。

②浆内没有 3～10 mm 的颗粒状浆粒存在，浇筑后没有沉积物。

③泡沫损失率小于 10%，最好小于 5%，泡沫量能保证。

④浆体稳定性好，浇注后不塌模。

⑤稠度合适，物料悬浮性好，浇注后不大量泌水。

（3）化学发泡浆体搅拌的技术要求。

化学发泡是在胶凝材料浆体中加入发泡剂，再继续进行搅拌，发泡剂在浆体中发泡，使浆体膨胀，经过静停、硬化形成泡沫混凝土制品。其要点概括如下：

①胶凝材料浆体中无颗粒存在。

②高速搅拌，使发泡剂尽快在胶凝材料浆体中分布均匀。

③浆体稠度合适，不会由于过稠而在发泡过程中使浆体出现裂缝，也不会由于浆料过稀而导致气泡上浮以及泌水现象。

④在浇注之前浆体中不能出现大面积发泡现象，并且浇注时浆料具有较高的流动性，可以保证浇注能够顺利进行。

⑤浆体稳定性好，浇注后不塌模。

2. 搅拌设备与工艺的改进

泡沫混凝土不能使用传统的砂浆搅拌机或混凝土搅拌机及相应的传统搅拌工艺，在技术上应有针对性的改进，采取一些必要的技术措施。

（1）搅拌设备的改进和创新。

泡沫混凝土的搅拌应用专门针对其工艺特点而设计的专用搅拌机，或其他能适合泡沫混合的搅拌机。不论何种搅拌机都必须具有以下性能：

①具有调速功能，可根据不同配方、不同物料、不同泡沫加入量调节转速，不能恒速搅拌。

②机筒内无搅拌死角，搅拌后死角积存的不均匀性物料尽量少，最好没有，其搅拌叶对各个部位都应搅拌到。

③制浆质量高，能够达到高度均匀的技术要求，浆料在浇注后不分层、不下沉、不塌模，稳定性良好。

对物理发泡而言，搅拌机还应该具有以下功能：

①对泡沫有强制下压功能,强迫它进入下部浆料内,同时又要求对下部稠浆有良好的上翻功能,强迫浆料与上部泡沫快速混合。

②不伤泡沫,对泡沫有保护和稳定功能,搅拌后泡沫损失率低,绝大部分泡沫在搅拌作用力下不会破裂。

③对泡沫的混合率高,可在 1 min 或几十秒内将泡沫混匀。长时间混合不匀的搅拌机不能使用,时间越长则泡沫损失越多。

如果有机械加工能力,可以根据上述搅拌机性能的要求,对传统搅拌机进行改造或改型,只要符合技术要求即可。

(2)搅拌工艺的改进和创新。

单是有性能符合技术要求的搅拌机还是不够的,不能完全保证搅拌质量完全合乎需要。好的搅拌机还必须与好的工艺条件相配合,才能相辅相成,达到最佳的搅拌效果。搅拌工艺的技术要点如下:

①变速搅拌。在搅拌胶凝材料浆体时,可采用低速(30~40 r/min),以适应其水灰比较低、料浆稠浓、阻力大的物料特点,提高搅拌叶片的推力;而在搅拌泡沫浆体时,采用高速(60~120 r/min),以提高叶片对胶凝材料浆体的分散能力,特别是提高混泡后期对散布于浆体内的浆块或浆粒的击碎能力,防止过多细小团粒的存留。低速搅拌机对这些弥散于泡沫浆体中的团粒是无能为力的。另外,高速混泡可以大大缩短混泡时间,减少泡沫破损。但对于物理发泡来讲,搅拌机的转速不可太高,否则泡沫经不起冲击力的破坏,会大量破裂消失。

最好采用无级变速,转速应根据物料情况稠度、泡沫量或发泡量等来确定,不可千篇一律。

②适当延长搅拌时间。为了保证胶凝材料浆体的均匀性,可以适当延长搅拌时间,合适的时间以浆料达到技术要求的标准为原则,不可过长。泡沫或化学发泡剂加入后,不提倡延长搅拌时间,以防止随搅拌时间延长而过大地损伤泡沫(气泡)。若泡沫(气泡)稳定性好,在混泡不匀的情况下也可适当延长混泡时间,以不过大地损伤泡沫(气泡)为准。

③使用分散剂或高效减水剂。在搅拌胶凝材料浆体时,为了使浆体更均匀,在泡沫加入时更易分散开,可适当加入少量分散剂或高效减水剂。它们对物料有很强的分散功能,可增加浆体的流动性。

④使用粉煤灰润滑。粉煤灰颗粒呈光滑球状,有润滑作用。它们的加入可提高浆体的分散性、流动性,使浆体易于搅拌均匀。粉煤灰配合分散剂或高效减水剂,可以产生叠加增效作用,分散效果更好,增强作用也更好。但粉煤

灰不可加得太多,以水泥量的15%以下为宜。

⑤使用浆体稳定剂。在泡沫加入后,在搅拌状态下可加入少量提高泡沫浆体稳定性的外加剂。它的主要功能是增加料浆的悬浮性,调节料浆的稠度,阻止固体物料下沉,保持泡沫(气泡)和固体颗粒在浆体中的分散状态。

⑥采用合适的加料方式。在胶凝材料制浆时,固体物料不宜使用一次性大体积加料的斗式提升机,以防物料瞬时积聚造成的结团。最好采用慢慢上料的加料方式和设备,如使用螺旋管输送机(倾料式或立式)、带式输送机等。螺旋输送机为全密闭式,无粉尘污染,上料平稳均匀,应为首选。

物理发泡的泡沫也应慢慢加入搅拌机和胶凝材料浆体混合。这可以使泡沫在瞬时不会大量堆积,使泡沫容易混入胶凝材料浆体。一次泡沫加量越大则越难混匀。如果是采用大型计量筒($0.2 \sim 1$ m³)加泡沫,应分两次加入。第一次先加入少量泡沫(约$1/4 \sim 1/5$),先和胶凝材料浆体混匀,使料浆变稀而易于分散,再加入剩余的泡沫,这也可以提高混合的均匀性。而化学发泡的发泡剂应一次加入,并尽快搅拌。

⑦定时清除搅拌机内的团块和团粒。搅拌机的叶片上、筒壁上、搅拌轴上等部位,均已黏结胶凝材料浆体,并逐步凝结成块、团,落入浆中后,在分散作用下,又会变成粒状,浇注后又沉积下去而引起塌模。应该定时对搅拌机内进行清理,把团块或团粒除去。

⑧要尽量不使用重集料或大颗粒集料。砂子、碎石等重集料非常容易在泡沫浆体中下沉,大颗粒物料被水泥浆包裹之后,质量也很大,容易使泡沫浆体分层,因此,要尽量不使用这样的集料。不得不使用砂子增强时,一定要尽量少用。轻集料的粒径最好小于 5 mm,以小于 2 mm 为最佳;密度在400 kg/m³以下的泡沫混凝土,禁止使用砂子做集料,其他重集料也应禁止使用。

⑨搅拌要使用活性水。活性水的表面活性较大,易于润湿固体颗粒表面,使它们变得易于分散,同时可增加泡沫(气泡)稳定性,使搅拌时泡沫(气泡)损失率降低。另外,它还可以增加泡沫混凝土的强度 5% ~ 8%。因此,拌料最好使用活性水,包括配制物理发泡剂稀释用水。

3. 搅拌工艺过程及控制

(1)原材料预处理。

①水泥等胶凝材料粉体必须过筛(新出厂的水泥等除外),以防里边的硬块、硬粒在泡沫浆体里沉积。特别是泡沫掺量大的 400 kg/m³以下超低密度泡沫混凝土,各种粉体均应过筛,易受潮结块者更应过筛。

②粉煤灰如果采用的是排灰场挖出的湿排灰,也应过筛,除去土块、草根等杂质。如果是干排灰,可以不过筛。

③如果使用砂子,宜使用中砂或细沙。砂子在使用前也应过筛,筛除 2 mm 以上的砂粒。

(2)原材料计量和配料。

配料计量最好采用电子计量配料机,减少人为计量误差。当没有条件时,也可采用人工计量配料,但要控制配料误差。允许误差是:水泥胶凝材料小于 1%,粉煤灰小于 2%,重集料小于 3%,轻集料和外加剂小于 0.05%。

(3)上料。

计量和配好的固体物料采用螺旋输送机密闭上料,或采用带式输送机敞开上料。固体外加剂可与水泥等预分散在一起上料,液体外加剂可在进水管路上加入,随水上料;水可采用搅拌机附设的计量泵加入,无泵时可人工计量加入。

加料方式如下:应先在搅拌机内加入少量水,使机筒的筒壁由水润滑,然后再徐徐加入固体原料,并同时按比例加水。不可先加固体物料再加水。水和固体物料的加入比例一定要符合技术要求。水量应扣除分散剂或减水剂的减水量。

(4)搅拌。

应在固体原料开始上料时先开启搅拌,在搅拌状态下陆续加料。加完全部物料后,可以继续搅拌 1~1.5 min。总搅拌时间可略长于普通砂浆,以 2~3 min 为宜(普通砂浆为 1.5~2 min)。

(5)加入泡沫(化学发泡剂)。

加入泡沫时,在胶凝材料浆体制好后,不需停机,即可在搅拌状态下陆续向机内加入泡沫,或者分两次加入泡沫。泡沫开始加入后,边加泡沫边加浆体稳定浆,以保护泡沫,提高浆体的悬浮性及保持一定的稠度。搅拌时间约 1 min,可根据情况调整。

当泡沫均匀混合,浆面看不到一层漂浮的泡沫时,泡沫浆就制备完成,可以出料浇筑。

加入化学发泡剂时,须一次性将发泡剂全部加入到浆体中,并尽快搅拌,在发泡剂均匀分散在浆体中后,立即浇注,浇注后不得触碰未凝结硬化的浆体。搅拌时间约 30 min,应根据试验确定。

4. 泡沫混凝土搅拌机

(1)传统搅拌机对泡沫混凝土的不适应性。

泡沫混凝土搅拌机一般采用专用搅拌机,而不能采用传统砂浆搅拌机,更不能使用强制混凝土搅拌机。因为二者的搅拌对象、搅拌过程、搅拌技术要求均不同。具体表现在以下三点：

①搅拌物料不同。砂浆搅拌机搅拌的主要物料是水泥和砂子,有一定的摩擦分散力。混凝土搅拌机搅拌的是水泥、砂子、碎石,物料粒度大,摩擦分散力更大。但泡沫混凝土搅拌机搅拌的大多只有水泥,一般不加砂子、碎石,摩擦分散力很小,要完全靠搅拌叶片的分散力,对搅拌机分散能力要求更高。

②搅拌浆体性质不同。砂浆为半流动性浆体,混凝土为干硬性或半干硬性非塑性体,而泡沫混凝土第一阶段为塑性体,第二阶段为大流动性体,且两个阶段浆体性质变化甚大,搅拌机要同时适应两种性质不同的浆体。

③对作用力的要求不同。传统搅拌机剪切力强,利用搅拌叶片的剪切作用混匀物料,而泡沫(气泡)在剪切作用下易破裂,需要的是揉和力,依靠搅拌叶的揉和作用把泡沫揉进浆体,传统搅拌机因没有揉和作用,很难把漂浮力强的泡沫揉进浆里,且破坏了浆体的稳定性。

3.4 浇注工艺

在泡沫混凝土浆体制好以后,只有通过输送才能进行模具浇注或现场浇筑,输送是浇注的前期准备工艺。浆体的输送可以采用人工送料车,也可以采用自动输送浆泵。人工送料适合于小规模生产,而浆泵输送适合于规模化生产。

浇注是指用泡沫混凝土浆体模具成形或现场施工。

输送与浇注是密不可分的两个工艺,二者没有明显的界限。因为输送与浇注是连续进行的,输送的终点就是浇注成形。

由于泡沫混凝土与普通混凝土在性质上的差异,因此它的输送和浇注工艺也与普通混凝土有别。

3.4.1 输送工艺

1.泡沫混凝土浆体输送的技术特点

同搅拌一样,泡沫混凝土浆体的输送与普通砂浆及混凝土有很大区别。

普通砂浆或混凝土的输送比较容易,因为它的浆体内没有泡沫,不考虑输送对泡沫的影响,如果发生堵塞,只需加入泵送剂和粉煤灰润滑就可以立即解决问题。同时也可提高压力,使用大压力的输送泵来提高输送距离和输送量。

但泡沫混凝土则不同,它的输送就不那么简单了。因为,它的浆体内含有大量的泡沫(气泡),特别是超低密度($200 \sim 400 \ kg/m^3$)泡沫混凝土,它的浆体基本以泡沫(气泡)为主,水泥浆很少。因此首先要考虑的是泡沫(气泡)对输送的影响。

(1)泡沫(气泡)已破损及对输送的影响。

泡沫特别易破,输送的压力、摩擦、震动等因素,均会造成泡沫的损失,如这几个因素解决不好,输送会使浆体因失去泡沫而无法浇注,导致浆体报废。

(2)泡沫(化学发泡剂)掺量对输送的影响。

泡沫混凝土浆体的流动性呈两种截然相反的状态。当泡沫掺量低于胶凝材料浆体的体积时,泡沫产生的是润滑作用。同时它带来的泌水降低了料浆的稠度,使之变稀,因而泡沫会增强浆体的流动性,使之在减水剂与少量粉煤灰的配合下易于泵送,呈现出大流动性的特点;但是,随着泡沫量的加大,浆体的流动性又逐渐下降,最终失去了流动性,成为触变体。这种情况在泡沫泌水性很小,泡沫稳定性非常好,泡沫掺量超过胶凝材料浆体3倍以上时最容易出现。这时,泡沫浆体呈棉团状,可任意高高地堆起,一点流动性也没有。这样的泡沫混凝土浆体,要远距离泵送是困难的。普通砂浆或混凝土可以通过提高压力,采用大功率泵送来提高输送性,但由于泡沫不能经受过高的压力,采用传统的增压办法不是良策。

由于泡沫混凝土的流动性是可变的,随泡沫掺量及泡沫形态而变化。有些情况下它是流动的,易泵送的,而有些情况下,它是不易泵送的,只能采用机械提升(提升机)、吊运(电动葫芦)、人工运送(送浆车)等办法来输送,但这些浇注方式只适用于小规模的浇注。采用何种输送方式,应根据浆体的具体情况来决定。

化学发泡的发泡剂掺量越多,则前期发泡量越大,也会逐渐使浆体的流动性下降,因此需要加快泵送速度。由于化学发泡生产制品较多,在施工现场浇注的较少,因此一般不需要很大的泵送距离,可以在短时间内完成泵送,甚至可以在搅拌完成后,浆料可以通过阀门从搅拌机直接流入模具,无需泵送,这样也可以避免气泡在泵送压力下的破损。对于泵送距离及时间稍长的施工现场泵送浇注,化学发泡的工艺还有待改进。

(3)泡沫含水量与泌水性及对输送的影响。

泡沫混凝土是否适宜泵送,采用何种输送方法为好,这与泡沫形态有很大关系,而泡沫形态在很大程度上取决于泡沫的含水量及泌水率。

当泡沫的含水量很低,泌水性也很低时,泡沫的形态成松软堆积状,加入浆体后,浆体的水灰比因没有大的变化,所以浆体受泡沫形态的影响,会降低流动性,使泵送受到影响或者不能泵送。

当泡沫含水量很大,泌水性也很高时,泡沫的形态呈流体状,人称乳状泡沫,水多泡少。当这样的泡沫加入浆体后,泡沫浆体呈高速流动性或具有一定流动性。泡沫的含水量及泌水性越大,则其流动性就越强,适宜泵送。

泡沫的含水量和泌水率是一个可变的参数,随着不同的泡沫质量而变化,因此,它的可泵性也随之变化。

化学发泡由于在胶凝材料浆体中进行发泡,发泡过程并未从外界引入水分到浆体中,因此不存在气泡含水量和泌水率的问题。

(4)泡径对输送的影响。

泡沫的流动性除了受含水量及泌水性的影响之外,也受其泡径的影响。当平均泡径很小,泡沫呈细微的"微沫"状时,它的流动性相对于大泡是较好的,在水泥浆体里有滚珠润滑作用,能在掺量不是太大时(小于水泥浆体积),使浆体具有较好的流动性,适宜泵送;而当泡径逐渐增大,泡沫的平均泡径大于 3 mm 时,则泡沫的流动性随泡径的增大而降低,在加入水泥浆体后,滚珠润滑作用减弱,使水泥浆体不具备流动性,因而也不适宜泵送。泡径越大则流动性越差。从这点讲,制备微细化的泡沫是有利的。

(5)泡沫混凝土低密度对输送的影响。

泡沫混凝土一个突出的特点就是密度低,它的密度一般只相当于普通混凝土($2\,400\ \text{kg/m}^3$)的 $1/10 \sim 1/2$。它的这个低密度性,对其浆体的输送是十分有利的。在泵送时,不需要太大的功率,这有利于泡沫的稳定,也有利于节电。特别是低密度的泡沫混凝土,由于自重轻,在泵送时,是不需要普通混凝土那样大的压力的,即使人工输送,也是省力的。

综上所述,泡沫混凝土的输送,有它自己的特点,受其浆体性能特征影响很大,既有有利因素,也有不利因素,有很大的可变性。

2. 泡沫混凝土输送的技术要求及输送方式选择

(1)输送工艺技术要求。

①泡沫损失不能太大。泡沫混凝土以含有大量泡沫(气泡)为特点,泡沫(气泡)对保持其技术特点至关重要。应在使泡沫(气泡)损失不影响其产品性能的基础上,考虑和选择合适的输送方式。在输送中,泡沫(气泡)损失率应小于10%,最好小于5%。

②不能导致浆体离析分层。泡沫浆体离析和分层后会引起浇注塌陷。因此,所选择的输送方式不能造成离析和分层。

③输送高度和距离应符合工艺需要。在保持泡沫稳定的情况下,充分考

虑输送的高度和距离,能够达到工艺要求。

④较高的输送效率。输送量应与浇注量相匹配。

(2)输送方式的选择。

①泡沫(发泡剂)掺量低、流动性好,并且泡沫的稳定性特别好,在一定的泵压下不易破裂,泡沫损失率较低时,可以优选泵送。泵送速度快,效率高,机械化程度高,且输送高度和距离都是其他方式不易达到的。因此,只要浆体符合技术要求,就应首先选择泵送。

②泡沫(发泡剂)掺量大,泡沫含水量和泌水率较低、浆体的流动性非常差时,不宜选择泵送。在泵送高度及距离较大时,泵送有一定的难度,可以选择人工输送、提升机输送、车式输送等。

③现场浇筑施工,由于用量较大,适合于泵送,或采用移动式发泡机与搅拌机,就地制浆浇注,省去输送。

④对于砌块、墙板等各种制品的生产,由于浇注量一般不大,适宜采用浆车输送和浇注,或者电动葫芦斗式吊运浇注;而当规模化生产用浆量较大时,也可采用泵送。

⑤GRC 制品等面层需要喷射成形者(如 GRC 泡沫混凝土夹心墙板),也适宜于泵送,以利用泵压喷射成形。

⑥当砂子加量较大,浆体易产生物料下沉而分层时,不适宜使用振动较大,能加剧分层的输送方式(如远距离车送)。

⑦当浆体黏度低而又较稀,且加有大量轻集料时,易发生轻集料上浮,这种情况也不适宜振动较大的远距离车送浇注。

(3)泵送浇注技术要求。

上述技术要求是对所有泵送浇注方式而言,对于泵送的泡沫混凝土还有一些更具体的要求。

①用于泵送的泡沫混凝土坍落度应大于 80 mm,低于此者不适宜泵送。

②物理发泡制备泡沫混凝土的可泵性与浆体的泌水性有关,泌水率高即意味着泡沫破灭得多。相对泌水率可用压力泌水仪检测,以判断泡沫浆体在一定压力下的泌水性。一般来说,相对泌水率 S 不超过 30% 的混凝土拌和物是能够泵送的。

③掺有砂子的泡沫混凝土,泵送的粒度应为通过 0.315 mm 筛孔的比例不少于 15%,宜采用中砂。其最佳级配曲线应尽可能接近现行砂标准中的二区级配,否则不宜泵送。

④泵送泡沫混凝土浆体应有很高的泡沫稳定性,原则上其稳定性应高于

其他输送方式,其泡沫(气泡)量应保持在可泵送的范围内。

3.4.2　输送泵及泵车

与人工输送、提升输送、电葫芦吊送等相比,泵送相对复杂一些。

泵的品种类型十分繁多,但大多都不适宜用作泡沫混凝土的输送。例如,常见的齿轮泵适用于液体而不适用于浆体;螺杆浓浆泵虽可输送浆体但消泡严重;离心泵也只能用于清水或类似于清水的液体。真正比较适合于泡沫混凝土输送的泵有两种,即活塞式泵和挤压式泵。柱塞泵适用于较大规模的输送量,挤压泵适用于较小规模的输送量。

1.柱塞式泵

柱塞式泵是应用最早和最多的一种混凝土泵,也是发展的方向,目前各国混凝土生产者绝大部分皆使用柱塞式泵。

柱塞式泵最早为机械传动式,后来发展成为液(油)压传动式。机械传动式泵体机笨重,传动系统复杂,噪声大,有振动,易引起混凝土拌和物离析,且料斗高加料不方便,产生堵塞时不能进行反泵清除堵塞,故已经淘汰。以下介绍的皆为液压柱塞式混凝土泵。

液压活塞式混凝土泵的工作原理如图 3.11 所示。它主要由料斗、液压缸、活塞、混凝土缸、阀门、Y 形管、冲洗设备、液压系统、动力系统等组成。工作时,由搅拌机卸出的或由混凝土搅拌运输车卸出的混凝土倒入料斗 6,在阀门操纵系统作用下,吸入闸板 7 开启,排出闸板 8 关闭,液压活塞 4 在液压作用下通过活塞杆 5 带动活塞 2 后移,料斗内的混凝土在自重和吸力作用下进入混凝土缸 1。然后,液压系统中压力油的进出反向,活塞 2 向前推进,同时吸入闸板 7 关闭,排出闸板 8 开启,混凝土缸中的混凝土在压力作用下就通过Y 形管 9 进入输送管送至浇注地点。由于两个缸交替进料和出料,因而能连续稳定地排料。

柱塞式泵中,根据其动力的不同,有机械式柱塞泵和液压式柱塞泵之分。机械式泵为过去的产品,现在生产的混凝土泵皆为液压式泵。根据其能否移动和移动的方式,分为固定式、拖式和汽车式,汽车式泵移动方便,灵活机动,到新的工作地点不需进行准备作业即可进行浇注适合大型工程。汽车式泵又分为带布料杆和不带布料杆的两种,大多数是带布料杆的。

图 3.12 是拖式柱塞泵的外形;图 3.13 是小型柱塞泵的外形。

表 3.2 是常用中小型柱塞泵的技术参数。

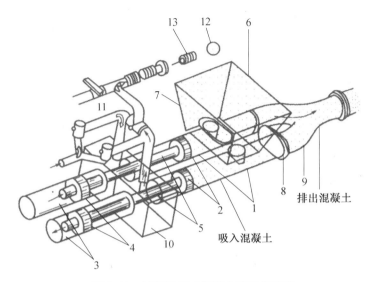

图 3.11　液压活塞式混凝土泵工作原理

1—混凝土缸;2—活塞;3—油压缸;4—液压活塞;5—活塞杆;6—料斗;7—吸入闸板;
8—排出闸板;9—Y 形管;10—水箱;11—水洗用法兰;12—海绵球;13—清洗活塞

图 3.12　拖式柱塞泵外形

图 3.13　小型柱塞泵外形

表 3.2　常用中小型柱塞泵的技术参数

技术参数	UB-3	UB-8	UB-12
机型特点	单缸泵	双缸泵	三缸泵
出灰量/($m^3 \cdot h^{-1}$)	3	6~8	8~10
最大工作压力/MPa	2	6	8
理论垂直高度/m	40	40~60	40~60
理论水平距离/m	150	200~300	300~400
浆液粒度/mm	≤5	≤5	≤5
活塞往复次数/(次·min^{-1})	150×单缸	150×双缸	150×三缸
吸引管内径/mm	ϕ64	ϕ76	ϕ76
输送管内径/mm	ϕ38	ϕ51	ϕ51
电机功率/kW	4	7.5	9
整机质量/kg	260	500	580
外形尺寸/mm	1 200×470×900	1 760×800×890	1 760×950×890

注:喷涂作业应配置空压机(排量为 0.2~0.36 m^3/mm,压力为 0.4~0.6 MPa);因各种浆液材料、灰沙配比、稠度各异,故本机出浆量、泵送能力也有所不同

2.挤压式泵

挤压式泵是美国查伦奇-考克兄弟公司首先制造的,是一种小管径型的移动式泵,其工作原理与所谓的传统泵有很大不同。

挤压式泵的特点是结构简单,部件加工难度小,制造成本较低;易损件少,除挤压胶管外,其他部件不与混凝土拌和物直接接触,故从整体来说使用寿命较长;泵的排量能根据工作需要进行变换;能进行逆运转,以便更换挤压胶管和排除堵塞故障;适用于输送轻集料混凝土。

挤压式泵的压力比活塞式泵小,因而其输送距离不如活塞式泵。目前,挤压式泵的最大排量为 69 m^3/h,最大水平运距为 300 m,最大垂直运距为 65 m。国内的 HBJ30 型挤压式泵的排量为 5~30 m^3/h,最大水平运距为 200 m,最大垂直运距为 50 m,混凝土的最大集料粒径卵石为 5~32 mm,碎石为 5~25 mm,能压送坍落度为 8~22 cm 的混凝土。

挤压式泵按其构造形式,又分为转子式双滚轮型、直管式三滚轮型和带式双槽型三种。目前尚在应用的为第一种。挤压式泵一般均为液压驱动。

转子式双滚轮型挤压泵主要由料斗、泵体、挤压胶管、驱动装置和真空系

统组成(图3.14)。泵体为一密封壳体,其内部的转子架上装有两个行星滚轮,壳体内壁衬有橡胶垫板,垫板内周装有挤压胶管,由驱动装置带动两个行星滚轮回转,滚轮在挤压胶管上碾过时,将管中的混凝土拌和物挤入输送管内压送至浇注地点。由于挤压胶管富有弹性,在加上密封壳体内保持一定的真空状态,因而可以促使挤压胶管在滚轮碾压后立即恢复原状。在管内形成真空的情况下,通过混凝土料斗内的搅拌叶片,将料斗中的混凝土拌和物不断地吸入挤压胶管内。如此反复进行,便可连续地压送混凝土。

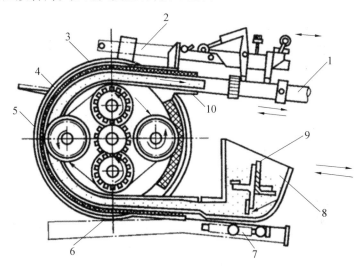

图 3.14　挤压泵的结构

1—输送管;2—缓冲架;3—垫板;4—链条;5—滚轮;6—挤压胶管;
7—料斗移动油缸;8—混凝土料斗;9—搅拌叶片;10—密封套

泵体部分主要由泵体和缓冲架两大部件组成。泵体由壳体、端盖、橡胶垫板、转子架等组成。壳体为一带辐射状加强筋板的鼓形焊接件,其两端的端盖亦为带加强筋板的组焊件。两端的端盖上都对称开有4个带可拆装有机玻璃的监视窗,以便于观察泵机的工作情况,也便于检修、保养和调整内部的机件。壳体与端盖的接合面上以及有机玻璃监视窗盖与端盖的接合面上都有 O 形密封圈加以密封。橡胶垫板由上、下、前三块组成,接缝处用斜口搭接,用压板固定在壳体的内周圆壁上,以承受挤压滚轮在其上的回转,起跑道作用。挤压胶管设在其内周中央凹槽内。泵体上下进出口处的橡胶密封套,一方面使泵体密封,另一方面又可以使挤压管在工作时能前后自由窜动。此外,为了便于清洁泵体,在壳体下部的前方和两侧开有三个带橡胶塞的排污孔。

转子架是泵体的重要部件,主要由架子体、滚轮、导向滚轮、托轮、调整架和调整螺栓等组成。架子全是钢板组焊件。滚轮的驱动通过齿轮和链条传动。滚轮与橡胶垫板之间的距离是通过调整螺栓移动调整架来进行调整的。导向轮和托轮的作用,是在泵体工作时用来导向和拖住挤压胶管。

缓冲架位于泵体的前上方,由缓冲器、支架、滑套等组成。它起着支撑和缓冲泵体出口处管道的作用。

图 3.15 是注浆型挤压泵外观;图 3.16 是喷涂注浆型挤压泵外观。

图 3.15　注浆型挤压泵外观　　　　图 3.16　喷涂注浆型挤压泵外观

表 3.3 是 UBJ 型挤压泵的主要技术性能。

表 3.3　UBJ 型挤压泵主要技术性能

技术参数	UBJ1.8C	UBJ1.8	UBJ3
机型特点	压力注浆	喷涂、压力注浆	喷涂、压力注浆
出灰量/($m^3 \cdot h^{-1}$)	1.2/1.8	0.4/0.6/1.2/1.8	1/1.5/3
最大工作压力/MPa	3	1.5	2
理论垂直高度/m	40	30	30
理论水平距离/m	200	100	120
吸引管内径/mm	ϕ51	ϕ51	ϕ51
输送管内径/mm	ϕ32/ϕ38	ϕ32/ϕ38	ϕ38/ϕ51
电机功率/kW	2.2/2.8	2.2/2.8	2.2/3.3/4
整机质量/kg	245	300	400
外形尺寸/mm	1 240×650×700	1 300×710×830	1 630×830×830
筛料斗容积/L	200	200	200
筛斗振动器功率/kW	0.25	0.25	0.25

注:喷涂作业应配置空压机(排量为 0.2～0.36 m^3/mm,压力为 0.4～0.6 MPa);因各种浆液材料、灰砂配比、稠度各异,故本机出浆量、泵送能力也有所不同。

3. 输送泵的选型方法及布置

混凝土泵的选型是根据工程特点、要求的最大输送距离、最大输出量(排量)和混凝土浇注计划来确定的。

(1)混凝土泵的实际平均输出量。

在混凝土泵或泵车的产品技术性能表中,一般都列有最大输出量的数据,但这些数据是指在标准条件即混凝土的坍落度为 21 cm,水泥用量为 300 kg/m³ 情况下所能达到的,而且最大输出量和最大输送距离又是不可能同时达到的。

混凝土泵或泵车的输出量与输送距离有关,输送距离增大,实际的输出量就要降低。另外,还与施工组织与管理的情况有关,如组织管理情况良好,作业效率高,则实际输出量提高,否则亦会降低。因此,混凝土泵或泵车的实际平均输出量数据才是我们实际组织泵送施工需要的数据。

(2)混凝土泵的最大水平输送距离。

混凝土和泵车的最大水平输送距离取决于泵的类型、泵送压力、输送管径和混凝土性质。最大水平输送距离可按下列方法确定。

根据混凝土泵的最大出口压力、配管情况、混凝土性能和输出量,按下述公式进行计算:

$$L_{max} = P_{max} / \Delta P_H \tag{3.1}$$

式中 L_{max}——混凝土泵的最大水平输送距离,m;

P_{max}——混凝土泵的最大出口压力,Pa;

ΔP_H——混凝土在水平输送管内流动每米产生的压力损失,Pa/m。

在泵送混凝土施工中,输送管的布置除水平管外,还可能有向上垂直管和弯管、锥形管、软管等,与直管相比,弯管、锥形管、软管的流动阻力大,引起的压力损失也大。向上垂直管除去存在与水平直管相同的摩擦力外,还需加上管内混凝土拌和物的质量,因而引起的压力损失比水平直管大得多。在进行混凝土泵选型、验算其输送距离时,可把向上垂直管、弯管、锥形管、软管等按表3.4换算成水平长度。

表3.4　泡沫混凝土输送管的水平换算长度

类别	单位	规程		水平换算长度
向上垂直管	m	100 mm		3
		125 mm		4
		150 mm		5
锥形管	根	175→150 mm		4
		150→125 mm		8
		125→100 mm		16
弯管	根	90 ℃	$R=0.5$ m	12
			$R=1.0$ m	9
软管		每5~8 m长为一根		20

注:①R为曲率半径

②弯管的弯曲角度小于90°时,需将表列数值乘以该角度与90°角的比值

③向下垂直管,其水平换算长度等于自身长度

④斜向配管时,根据其水平及垂直投影长度,分别按水平、垂直配管计算

混凝土泵的最大水平输送距离还可根据混凝土泵的最大出口压力和表3.5提供的换算压力损失进行验算。

根据一台混凝土泵的实际平均输出量、混凝土浇注数量和施工作业时间,按下式即可计算出需要的混凝土泵台数:

$$N_2 = \frac{Q}{TQ_1} \qquad (3.2)$$

式中　N_2——混凝土泵数量;

　　　Q——混凝土浇注数量,m^3;

　　　Q_1——每台混凝土泵的实际平均输出量,m^3/h;

　　　T——混凝土泵送施工作业时间,h。

表 3.5 泡沫混凝土泵送的换算压力损失

管件名称	换算量	换算压力损失/MPa
水平管	每 20 m	0.10
垂直管	每 5 m	0.10
45°弯管	每只	0.05
90°弯管	每只	0.10
管道接环(管卡)	每只	0.10
截止阀	每个	0.80
3.5 m 橡皮软管	每根	0.20

注:附属于泵体的换算压力损失:Y 形管 175→125 mm,0.05 MPa;每个分配阀 0.80 MPa;每台混凝土泵启动内耗,2.8 MPa

对于重要工程或整体性要求较高的工程,混凝土泵的所需台数,除根据计算确定外,还须有一定的备用台数。

(4)泡沫混凝土的泵送方法。

混凝土泵或泵车启动,应先泵送适量的水以湿润混凝土泵的料斗、混凝土缸及输送管内壁等直接与混凝土拌和物接触的部位。

经泵水检查,确认混凝土泵和输送管中无异物后,应采用下列方法之一进行混凝土泵和输送管内壁润滑:

①泵送水泥浆。

②泵送 1∶2 水泥砂浆。

③泵送与混凝土内除粗集料外的其他成分相同配合比的水泥砂浆。

水、水泥浆和水泥砂浆的用量见表 3.6。润滑用水泥浆或水泥砂浆应分散布料,不得集中浇注在同一处。

表 3.6 水、水泥浆和水泥砂浆的用量

输送管长度/m	水/L	水泥浆		水泥砂浆	
		水泥量/kg	稠度	用量/m³	配合比(水泥∶砂)
<100	30			0.5	1∶2
100～200	30	100	粥状	1.0	1∶1
>200	30			1.0	1∶1

开始泵送时,混凝土泵应处于慢速、匀速。待各方面情况都正常后再转入正常泵送。

正常泵送时,泵送要连续进行,尽量不停顿,遇有运转不正常的情况,可放慢泵送速度。当混凝土供应不及时时,宁可降低泵送速度,也要保持连续泵送,但慢速泵送时间,不能超过从搅拌到浇注的允许延续时间。不得已停泵时,料斗中应保留足够的混凝土,作为间隔推动管路内混凝土之用。

短时间停泵,再运转时要注意观察压力表,逐渐地过渡到正常泵送。

长时间停泵,应每隔 4~5 min 开泵一次,使泵正转和反转各两个冲程。同时开动料斗中的搅拌器,使之搅拌 3~4 转,以防止混凝土离析(长时间停泵,搅拌机不宜连续进行搅拌,这样会引起粗集料下沉)。如为混凝土泵车,可使浇注软管对准料斗,使混凝土进行循环。

如停泵时间超过 30~45 min(视气温、坍落度而定向),宜将混凝土从泵和输送管中清除。对于小坍落度的混凝土,要严加注意。

向下泵送时,为防止管路中产生真空,混凝土泵启动时,宜将设置在管路中的气门打开,待下游管路中的混凝土有足够阻力对抗泵送压力时,方可关闭气门。有时这种阻力需借助于将软管向上弯起才能建立。开始时,还可将海绵或经充分润湿的水泥袋纸团塞入输送管,以增加阻力。

在泵送过程中,要定时检查活塞的冲程,不能超过允许的最大冲程。泵的活塞冲程虽可任意改变,但为了防止油缸不均匀磨损和阀门磨损,宜采用最大的冲程进行运转。

在泵送过程中,还应注意料斗内的混凝土量,应保持混凝土面不低于上口20 cm。否则不但吸入效率低,而且易吸入空气形成阻塞。如吸入空气,逆流增多时,宜进行反泵将混凝土反吸到料斗内,排除空气后再进行正常泵送。

在泵送混凝土过程中,水箱或活塞清洗室中应经常保持充满水,以备急需。

在混凝土拌和物泵送过程中,若需接长 3 m 以上(含 3 m)的输送管时,应预先用水和水泥砂浆进行湿润和润滑管道内壁。

当混凝土泵出现压力升高且不稳定、油温升高、输送管明显振动等现象时,不得强制泵送,应立即查明原因,采取措施排除。可先用木槌敲击输送管弯管、锥形管等易堵塞部位,并进行慢速泵送或反泵,防止堵塞。

当混凝土输送管堵塞时,可采用下述方法进行排除:

①使混凝土泵重复进行反泵和正泵,逐步吸出堵塞处的混凝土拌和物至料斗中,重新加以搅拌后再进行正常泵送。

②用木槌敲击输送管,查明堵塞部位,将堵塞处混凝土拌和物击松后,再通过混凝土泵的反泵和正泵,排除堵塞。

③当采用上述两种方法都不能排除堵塞时,可在混凝土泵卸压后拆除堵塞部位的输送管,排除混凝土堵塞物后,再接管重新泵送,但在重新泵送前,应

先排除送管内空气后,方可拧紧管段接头。

在混凝土泵送过程中,如事先安排有计划中断时,应在预先确定中断浇注部位停止泵送,但中断时间不宜超过 1 h。

如果因为混凝土供应和运输等原因,在混凝土泵送过程中出现非堵塞性中断时,拖式混凝土泵可利用混凝土搅拌车内的料,进行慢速间歇泵送,或利用料斗内的料,进行间歇反泵和正泵;对于混凝土泵车可利用臂架将混凝土拌和物泵入料斗,进行慢速间歇循环泵送,利用输送管输送混凝土时,亦可进行慢速间歇泵送。

在混凝土泵送过程中,如发现泵送效率急剧降低时,应检查混凝土缸和分配阀的磨损情况。如果是新的混凝土泵缸套磨损严重,可掉头后再用,如果缸套两头都已严重磨损,应更换新品。如果是分配阀严重磨损,应补焊修复或更换新的分配阀。

当多台混凝土泵同时泵送时,应预先规定各台泵的输送能力、浇注区域和浇注顺序,应分工明确、互相配合、统一指挥。

混凝土泵送即将结束前,应正确计算尚需用的混凝土数量,并应及时利用通信设备告知混凝土制备处。在计算尚需用的混凝土数量时,亦应计入输送管内的混凝土数量,其数量见表 3.7。

表 3.7 输送管长度与混凝土量的关系

输送管径/mm	每 100 m 输送管内的混凝土量/m³	每立方米混凝土量的输送管长度/m
100	1.0	100
125	1.5	75
150	2.0	50

泵送过程中废弃的混凝土拌和物和泵送终止时多余的混凝土拌和物,应按预先确定的场所和处理方法及时进行妥善处理。

混凝土泵送结束时,应及时清洗混凝土泵和输送管。清洗方法有水洗和气(压缩空气)洗两种。实际施工中,混凝土输送管的清洗多用水洗,因为水洗操作比较简便,与气洗相比危险性也较小。

水洗时,从进料口塞入海绵球,使海绵球与混凝土拌和物之间无孔隙,以免清洗水在压力下越过海绵球混入混凝土拌和物中。然后混凝土泵以大行程、低转速运转,泵水产生压力将混凝土拌和物推出。清洗用水不得排入已浇注的混凝土内。

气洗时,混凝土泵以大行程、高转速运转,空气的压力约 1.0 MPa,比水洗的危险性大,在操作上要严格按操作手册的规定操作,在输送管出口处设防止喷跳工具,施工人员要远离出口方向,防止粒料或海绵球飞出伤人。

清洗混凝土泵之前,宜反泵吸料,降低管路内的剩余压力。

3.4.3　泡沫混凝土的浇注

泡沫混凝土经输送泵或其他输送方式送达模具或浇注工作面时,浆体自动从泵内流出或经人工卸浆,使浆体注满模具或按厚度要求铺满施工面,即为浇注(浇筑)工艺,它实际是输送浆体的最后阶段。

1. 模具成形

(1)浇注前的准备。

①模具准备。将模具在浇注地点组合好,并在模具内涂刷脱模剂,一般应涂刷两遍。要求制品表面无气泡密实光洁,则应涂刷油性脱模剂或者具有一定消泡能力的水性脱模剂。这种脱模剂因为具有消泡作用,可把靠近模板的一层泡沫消除,使之形成密实面层,降低吸水率,提高表面强度;若想要求制品表面有气泡、显示孔隙,则应涂刷水性脱模剂,这种脱模剂不消泡。

模具涂刷脱模剂后,应检查合模是否严密,有无微缝,是否渗水。对密封不严而渗水的缝隙,要用密封膏进行封闭处理。这道工序对浇注稳定性影响很大。因为气泡是由水膜形成的,若模具有缝隙,会加剧气泡液膜排水,引发泡沫破裂而塌模。

②其他准备。模具摆放应充足,应按周转量准备;应检查浇注辅助工具是否到位,有无短缺。

对浇注可能出现的漏浆、渗水、塌模、堵泵等问题,应做好应急预案,制定出应变措施;了解上一班浇注情况及本班浇注任务。

(2)浆体浇注。

可利用泵送或其他输送浇注方式,进行浆体的浇注。如果是小型组合模具,可用泵管或容器人工浇注。浇注时不可一直浇注一个部位,应在模具内不同部位循环浇注。浇注过程中不可使用振动棒或振动器等振捣,因为泡沫在振动下会消失。对浆体没有浇实的部位可以用小棒拨一拨并轻轻压实,但不得拍打。浇注浆体应高于模具上口 2~5 cm,然后再用刮板轻轻刮平。也可不刮平,待初凝后再刮平,或待终凝后切去面包头,三种方法任选其一。

如果使用大型模具,浇注时为使浆体分布均匀,可使用筛网式浇注管或布料槽式浇注管。图 3.17 为筛网式浇注管示意图,图 3.18 为布料槽式浇注管示意图。

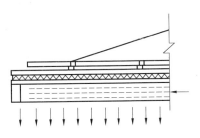
图 3.17 筛网式浇注管

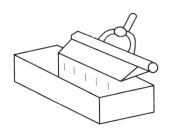
图 3.18 布料槽式浇注管

①筛网式浇注管。这种浇注管由筛网和支架组成,支架由钢丝绳吊挂在浇注搅拌机上,筛网通常是用整块胶皮打眼做成,其长度略短于模具长度。这种浇注管使料浆成雨点状落入模具内,分布比较均匀,冲击力比较小。不过,当料浆稠度较大时,浇注速度较慢。

②布料槽式浇注管。这种浇注管是为固定式搅拌机配合设计的。如果模具较长(6 m 模),布料槽一般要设两只。料浆通过阀门进入导料总管,经支管流入布料槽,然后沿布料槽扁长的出口在贴近模具长侧板边的位置流入模具。这种浇注管的优点是可以使料浆尽可能在比较长的区间内分散开来,呈瀑布状注入模内,并尽可能减少对模具内已有料浆的冲击。

使用大型模具浇注,其浆体亦应高出模具 2 ~ 5 cm,待浆体初凝且泡沫稳定后切去面包头。

(3)浇注后处理。

浇注后仔细观察浆体变化,看其是否下沉,模具是否漏浆和渗水。如有下沉,应测量下沉高度和速度并记录,备下次参考,调整配方。如果有漏浆及渗水,要及时采取补救措施。如出现塌模,则应清理出报废浆体,重新浇注。

浇注后严禁直接触碰(尤其是化学发泡)未凝结硬化的浆体,待浆体初凝之后,为防止水分蒸发影响水化,应该在模具上覆盖塑料布,同时也有保温促凝作用。

如果是露天作业,水分蒸发量大,应在制品上覆盖一层塑料布,并防止淋雨。

2. 现场浇注施工

(1)浇注前的准备。

①如果是屋面、地面等大面积平面施工,应首先检查基层有无裂缝、孔洞等漏浆部位,如存在需封闭处理;然后清扫灰尘,使浇注工作面保持干净,对基层混凝土进行洒水预湿处理,至少应洒水两遍,以增加浇注层与基层的结合力,并防止基层吸取浆内水分引起泡沫破灭。另外,应根据浇注高度,在工作

面的四周安装模板,防止浇注浆体外溢。

②如果是现浇墙体等建筑结构或工程结构的浇注,应首先检查模板和支撑。由于混凝土浆体对模板的侧压力大,因此模板的连接和支持要有足够的强度、刚度和稳定性。同时,要检查泵送布料设备,不得碰撞或者直接搁置在模板上。布料杆下的模板和支架应适当加固。如果有增强钢筋,应检查绑扎得是否正确,钢筋架节点宜采取加固措施。

(2)浇注工艺。

①如果浇注面积不大,可以采用小型发泡机和小型搅拌机,直接在作业区内发泡制浆,就地卸浆浇注。如果是浇注面积较大或墙体浇注,应采用泵送浇注。

②大面积平面浇注(如屋面、地暖等)时,可采用分区逐片浇注的方法,用模板将施工面分割成若干个小片,逐片施工。

③墙体等结构浇注时,应分层浇注,不能一次浇注到顶。每层的浇注高度为40~60 cm,以免下部浆体承受不了上部浆体的重量压破泡沫。待1~1.5 h浆体初凝,有一定承重能力后,方可继续浇注。

④大体积浇注如护岸、挡土墙、地下回填等,为防止一次浇注太厚下部泡沫压破,可采用全面分层、分段分层和斜面分层三种分层浇注方法,如图3.19所示。

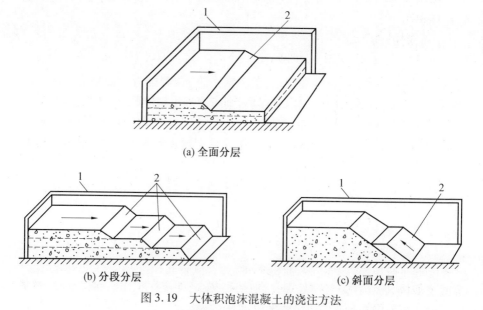

(a) 全面分层

(b) 分段分层　　　　　　　　(c) 斜面分层

图3.19　大体积泡沫混凝土的浇注方法
1—模板;2—新浇注的混凝土

（3）浇注后处理。

在浇注后也应注意观察浆体下沉速度及高度，并及时采取促凝措施，还要详细记录，作为下次配料改进的参考。

如果出现塌陷事故，应及时补充浇注。

待浆体初凝，应及时覆盖塑料布，保持浆体水分并防裂。

3.5　浇注稳定性及技术要素

泡沫混凝土浆体浇注后，能否长时间保持气泡稳定，不会导致浆体体积缩小、塌模等事故，这就是浇注稳定性。出现浇注不稳定的塌模沉陷现象，就意味着泡沫混凝土生产或施工的失败，前几道工序都等于白费了。

因此，保持浇注稳定性是提高泡沫混凝土产量、质量、效益，降低成本的关键因素之一。

3.5.1　浇注的宏观特征及不稳定现象

由于所用的原材料如配方、发泡剂品种、发泡剂掺量等不同，各种泡沫混凝土的浇注稳定性，既有许多相同之处，也有许多不同之处，其不稳定表现也不尽相同。

1.稳定浇注的宏观特征

（1）泡沫料浆的稠化过程特征。

①气泡大小均匀，泡径合适，形态良好，有稳定的泡沫基础。

②气泡在料浆各部位的数量相近或相同，没有太大的差异，不出现浇注后，有些地方泡沫多、有些地方泡沫少的情况，即泡沫分布均匀。

③浇注以后，料浆表面不出现大量泡沫漂浮、料浆下部不出现大量固体物料下沉，即料浆不分层。

④浆体不出现较大的收缩，其收缩值不影响胚体的宏观形状，能基本保持设计尺寸和体积。

⑤不出现浆体的沉陷和快速垮塌。

⑥稠化较快，能在气泡破灭前将其稳定并进而转化为气孔，形成符合技术要求的气孔。

⑦料浆不出现大量泌水，有良好的保水性。

（2）稳定浇注的宏观理想模式。

①浇注时。

a. 在浇注时看不见大量气泡消失。

b. 物理发泡在泡沫浆体注浆过程中,浆体的体积没有明显变化,体积损失率小于5%。

c. 浇注能够顺利进行,不因各种事故而使浇注停止。

d. 浆体的浇注冲击,不会引起已注入的浆体离析、消泡、收缩等各种异常情况的发生。

e. 在有些地方浇注不到位,浆体能够经得起用布料器具拨捣浇实,而不会使浆体破坏而失去稳定性。

f. 对浇注方法及器具要求不严格,一般的流行浇注工艺都能达到技术要求,方便实施。

②浇注后。

a. 在浇注后至浆体初凝前不出现任何胚体破坏现象,一直保持体积稳定;化学发泡浆体在浇注后,可以发泡至预计高度。

b. 静停15~30 min后刮去面包头时,不会引起表层大量消泡,或引起胚体的垮塌,能顺利刮平。

c. 气泡能够最终被固定,并顺利转化为气孔,形成预期密度的泡沫混凝土。

d. 对养护方式不过分苛求,自然养护、蒸汽养护、干热养护、蒸压养护等各种养护方式均可达到浇注后胚体的稳定。对养护方式的选择性要尽量宽些。

e. 初养温度不要求过高,在15 ℃以上均可保持一定的稳定性,以常温下初养不塌模最为理想。

f. 在浇注后,浆体稠化到一定程度时,如生产需要,应能经得起模具的移动、起吊,而不会使泡沫浆体因此破坏,方便生产。

g. 从浇注到固泡的整个过程,泡沫的损失率应小于5%,绝大部分泡沫能够存留。

h. 固泡以后所形成的是理想的近似于球形的封闭孔,气泡能最终发展成良好的气孔结构。

2. 浇注不稳定表现

不同原料及品种的泡沫混凝土的不稳定现象也不同,归纳起来,主要的不稳定现象有以下几种。

(1)消泡过快。

这是最严重的不稳定现象。当出现这种情况时,从料浆表面就可以清楚地看到一个个气泡快速破裂,当情况严重时,还会听到清晰的破泡声。伴随而来的,是看到浇注浆体的快速收缩和沉陷。消泡严重时,由于大量气泡的消失使气体逸出浆体,最终使泡沫浆体报废。

(2)冒泡。

在发生冒泡时,我们会看到气泡从浆体里不断向外冒,并在浆面上破裂。冒出的气泡一般较大,它是浆体内小气泡先破裂,气体扩散,合并到大泡中,当大泡的浮力超过浆体自重压力时,大泡就会在浮力作用下从浆体中浮起并冒出。由于浆体内固体物料颗粒大量下沉将小气泡首先压破,使小气泡的气体合并到大气泡中又将大气泡胀破,从而引起下部气泡的破灭,造成塌模。

(3)塌模。

塌模是浇注之后,料浆整体严重下沉,使胚体彻底破坏的不稳定现象,也是最严重的生产事故。出现塌模时,浆体高度大幅度降低,只相当于浇注高度的 $\frac{1}{8} \sim 1$,不能再成形为产品。塌模只是一种现象,引起的因素很复杂,各种不稳定因素均可引起塌模。

(4)分层。

分层是指浆体在浇注后,逐渐出现上下两层的密度差,上部密度小而下部密度大。这种现象往往由大量泡沫向上漂浮所造成,也可由大量固体颗粒下沉而造成。分层没有明显的界限,从上至下密度逐渐增大。

(5)料浆稠化过慢。

料浆稠化过慢是指稠化速度明显滞后于泡沫破裂速度,使气泡已经大量消失,而料浆还没有稠化。这种现象的发生,往往是由于胶凝材料凝结速度慢而造成的。它可以导致泡沫大量破裂,使浇注后浆体收缩下沉和塌模。

(6)泡沫不均匀。

这种现象往往是浇注后,有些地方泡沫很多,大量集中,而另一些地方泡沫又很少,缺乏泡沫。这种情况往往会造成泡沫多的地方产品密度低,而泡沫少的地方产品密度过大,引起同一产品各部位的密度差;严重时,还可以引起泡沫多的地方消泡或沉陷。这种情况大多是由于搅拌不均匀,或者料浆在输送过程中分层所造成。

(7)收缩下沉。

收缩是指胚体的幅面减小,而下沉则是胚体的高度变化。收缩与下沉往往是相伴出现,它是泡沫浆体内气孔结构受到破坏的两种不同的外在表现。

收缩下沉与塌模只是胚体破坏的程度不同而已。塌模使胚体彻底垮塌,体积变小;而收缩下沉则是指体积有一定的下陷和减小,但幅度不是很大,仍能保持浇注后的大致外形,是有一部分下沉或全部小幅度下沉,有时只是中心部位下凹。它还没有造成胚体的完全损毁,但已使胚体变形。

(8)鼓胀。

鼓胀易发生在浇注后 10~40 min 内,它的主要表现是料浆局部有一定隆起,先隆后陷。隆起越高,则后陷就越严重。这种情况的出现,往往是由于泡沫在浆内混合不均匀,且气泡的大小差别较大而造成的。当小泡首先破灭后,扩散的气体就向大泡合并,使大泡更大,许多大泡的变大使料浆发生膨胀。这种鼓胀是很短暂的,在大泡收纳大量小泡扩散的气体后,泡壁变薄,迅速破裂,就引起先胀后陷,所有的泡内气体全部从浆面弥散,原来鼓胀处反成了凹陷。

(9)料浆长时间不凝结。

料浆出现长时间不凝的情况后,应首先进行发泡剂的凝结影响试验,并审查配方,然后全面进行各种物料对凝结影响的检查,找出其影响因素。

浇注不稳定现象还有很多,在生产中会遇到各种各样的问题,绝不限于上述几种。由于各地具体生产情况的差异,应在实际生产中自己不断地发现和总结,才能找出克服这些不稳定现象的办法。

3.5.2　浇注稳定性影响因素

由于不稳定现象情况各异,其影响因素也不完全一致。但是,各种影响因素大都集中于两个方面,即:泡沫的稳定性与浆体的凝结稠化速度。在浇注体系中,最不稳定的因素是泡沫,它的稳定状态决定着泡沫浆体的体积稳定。而料浆的自身弹性-黏性-塑性的特征变化,也存在着一定的时间,它的这一变化时间的长短决定了泡沫能否被固定。这两个过程共同存在于一个体系之内,若是相互协调一致,浇注就稳定;若是不协调,浇注就会发生各种不稳定事故。因此,影响泡沫稳定性和浆体稠化速度的因素,也必然是影响浇筑稳定的因素。

1. 影响浆体中泡沫稳定性的因素

(1)发泡剂。

在物理发泡中,发泡剂是影响泡沫混凝土浇注稳定性的第一因素。因为在泡沫混凝土料浆中,泡沫的加量很大,一般相当于料浆总体积的 30%~70%,泡沫的稳定性就直接影响料浆的稳定性。发泡剂所制出的泡沫,如果稳定性强,长时间不会破灭,那么料浆的稳定性也必然会很好。加入发泡剂所制出的泡沫,稳定性很差,料浆的稳定性也必然受到影响。

在化学发泡中,发泡剂只能起到生成气泡的作用,而气泡的稳定性,则要取决于浆体的黏性以及稳泡剂的性能,如果浆体黏性较高并且稳泡剂性能较好,则气泡的稳定性也会很好,否则稳定性会很差。

（2）发泡机（物理发泡）。

若物理发泡的发泡机性能好,发出的泡沫细小均匀,大小一致,含水量及泌水率较低,则泡沫的稳定性就好。反之,若发泡机发出的泡沫大小不均匀,泡径很大,而且泌水率和含水率较高,泡沫的稳定性就会很差。

（3）料浆性能。

若料浆的坍落度合适,稠度较好,其稳定性就好;若浆体很稀,且泌水严重,其稳定性就差。高黏度的浆体,泡沫不易消失,而黏度不好的浆体,则泡沫很容易消失。若浆体的悬浮性很好,固体颗粒悬浮在浆中不沉降,则泡沫十分稳定。若浆体和悬浮性不好,固体颗粒大量下沉,压破下部气泡,也会使气泡不稳定。

（4）固体物料。

若固体物料如水泥、砂、轻集料等的粒径较小,在浆体中可悬浮而不易下沉,不会造成下部泡沫破灭。但如颗粒较大,特别是砂子、轻集料等,它们下沉严重,很容易使下部泡沫破灭。轻集料虽轻,但当它和胶凝材料混合后,表面黏结大量的浆体,质量成倍增加,也会在浆体中下沉。所以固体物料的粒径应越小越好。

固体物料的形状对泡沫稳定性影响也非常大。当固体物料的形状圆滑时,对气泡没有损伤,泡沫就稳定。但当固体颗粒（主要是集料和填充料如砂子等）的外形有粗糙的棱角时,其棱角很容易划伤泡沫,使泡沫破裂。图3.20是不同形状固体颗粒和泡沫接触示意图。

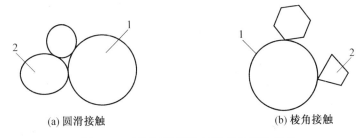

(a) 圆滑接触 　　　　　(b) 棱角接触

图 3.20 不同固体颗粒与气泡的接触方式

1—气泡;2—固体颗粒

（5）外加剂。

在配制料浆时,有时需加入各种外加剂。有些外加剂对泡沫有好的影响,增加泡沫的稳定性,如乳液等;而有些外加剂却有破坏泡沫的作用,使泡沫的稳定性变差,如强电解质类外加剂等。几乎各种外加剂对泡沫都有不同程度的影响。

(6)模具或基层。

如果模具或现浇基层有缝隙,水或浆体易渗透,会加剧浆体泌水,使泡沫消失加快。缝隙越大,泡沫消失越快;若是现场浇注,地基的吸水性和渗水性对泡沫的影响也非常大。地基大量吸水或渗水,使泡沫失水快,液膜减薄加速,泡沫消失得就快,浇注就不稳定。

(7)水分蒸发。

若在夏季生产或露天浇注,气温高,水分蒸发快,气泡液膜减薄得快,气泡的稳定性就差。

(8)振动。

气泡在振动作用下会消失,振动力越大则气泡破裂越严重。

(9)浇注高度的影响。

浇注高度越大,其浆体自重越大,对浆体下部泡沫压力越大,泡沫在自重压力下破裂得也越快。所以浇注高度越大,泡沫在压力下破裂也越快,即泡沫稳定性也越差。

2. 影响料浆稠化速度的因素

(1)胶凝材料的种类和用量。

胶凝材料如果是快凝品种如硫铝酸盐水泥、镁水泥等,浆体稠化速度快,凝结硬化快,浇注稳定性好;早强性硅酸盐水泥次之;而普通硅酸盐水泥再次之。掺有大量混合材料的粉煤灰水泥、矿渣水泥、复合水泥等稠化更慢。

胶凝材料的加量对稠化影响也非常大。它的加量越大,则凝结稠化越快,而加量越小,则凝结稠化越慢。

(2)掺和料。

掺和料不论是活性或非活性的,均减缓稠化速度,即使活性掺和料也是如此,因为活性掺和料在常温下几天才发生水化,在高温下也需几个小时,而稠化是在几十分钟内进行的,最长 2~3 h。活性掺和料在这么短的时间内是不能大量水化的,因此,掺和料的掺量越大,稠化速度就越慢,越容易发生塌模沉陷。

(3)水料比。

不论何种泡沫混凝土,水料比均会对料浆的稠化产生较大影响。在一般情况下,水料比小,料浆稠化过程中黏度增长的速度快,达到稠化的时间短;水料比大,料浆黏度增长速度慢,达到稠化的时间长。水料比的减小,可以使料浆的起始稠度高,稠度发展相应加快。如果使用硅酸盐类水泥,水料比越小,料浆的碱度越高,碱的促凝效应越明显。在实际生产中,水料比可能因为操作误差造成波动。如果是采用蒸汽在搅拌机内对料浆加热,应注意蒸汽中的含水量和蒸汽冷凝水对料浆含水量的影响。另外,还要考虑泡沫泌水对水料比的影响。

(4)料浆温度。

料浆的初始温度(或称浇注温度)对其稠化速度有很重要的影响,温度越高,稠化速度就越快,这是胶凝材料共同的特点。

(5)缓凝剂。

缓凝剂可以降低稠化速度,而促凝剂则提高稠化速度。有些外加剂也有缓凝或促凝作用,对稠化会产生一些影响。

(6)固体物料细度。

固体物料水泥、掺和料、集料的粒度越细,稠化作用越好,浆体越稳定。反之,这些物料越粗,则稠化作用越差。

(7)浇注稳定剂。

浇注稳定剂可以增加料浆的稠度,强化其稠化作用,促进其稠化。它对稠化速度也有一定影响。

(8)搅拌工艺。

搅拌工艺对料浆稠化的影响主要表现在搅拌强度和搅拌时间上。在有限的时间内,能否将料浆充分搅拌均匀,水泥、胶凝材料能否均匀分布到料浆的每一部分的微小空间,关系到料浆能否均匀地稠化和硬化。搅拌强度还可以对物料起到再分散的作用,防止结团,促进反应,改善料浆的流动性。在生产中搅拌强度的差异对料浆均匀性和稳定性有重要影响。

搅拌时间不仅关系到料浆的均一性,而且在一定程度上决定着料浆浇注入模时的初始黏度,从而可以调整料浆稠化速度与泡沫破裂速度之间的相互关系。当泡沫破裂快,而料浆稠化速度较慢时,可以适当延长搅拌时间,使料浆稠化过程的起点高些。

在搅拌强度不够的情况下,用延长搅拌时间的办法来达到搅拌均匀的目的。当产生料浆过稠的不良后果时,应当首先改善搅拌机的工作状态。

(9)辅助材料。

当使用活性废渣时,要加入生石灰和熟石膏激发活性。而这两种辅助材料均可水化放热,本身对料浆也有增黏、增稠作用。

(10)发泡剂品种。

有些发泡剂对浆体稠化有不利影响,妨碍其稠化凝结,一般不是很明显。

(11)泡沫加量。

泡沫在料浆中的掺量越大,则料浆越稀,稠化越慢。一般来说,稠化速度与泡沫掺量成反比。

影响浇注稳定性的因素很多,也很复杂,远非上述这些。随着技术的发展和配方、材料的改进,新的影响因素还会不断出现。因此,读者应共同在研究及生产中探索,不断总结,找出影响规律。

3.5.3 浇注质量控制

浇注稳定性是泡沫混凝土的核心技术之一,浇注失败也就意味着泡沫混凝土全部生产的失败。如果不采取一些有效的措施,是很难保证浇注成功的。其总体技术措施就是提高泡沫稳定性并加快料浆稠化速度,使二者协调相互适应,并且使料浆的稠化速度快于泡沫的破灭速度。

1. 技术措施

(1)重点技术措施。

①物理发泡采用蛋白类等高稳定性新型发泡剂,不使用那些泡沫稳定性差的普通发泡剂;而化学发泡也要采用稳定性能较好的稳泡剂。

②物理发泡宜采用高性能的发泡机,保证泡径可控,泡沫细小均匀,所发泡沫没有大小不均匀的现象。另外,所发泡沫含水量和泌水率要尽量低;化学发泡宜采用高速搅拌机,可以使发泡剂迅速分布于浆料之中。

③选用快凝类胶凝材料如快凝硅酸盐水泥、硫铝酸盐水泥、镁水泥等。没有条件或不能采用上述快凝型胶凝材料只能使用硅酸盐类水泥时,应尽量选用早强高标号(>42.5 级)水泥。泡沫混凝土的密度要求越低,水泥标号越高。要尽量不使用矿渣水泥、粉煤灰水泥、复合水泥。

④当采用普通硅酸盐水泥时,应配合使用促凝剂,提高其凝结速度,特别是其初凝和终凝时间要尽可能缩短。促凝剂应没有降低后期强度的副作用或副作用很小。

⑤使用料浆稳定剂。料浆稳定剂也称浇注稳定剂,可提高料浆的悬浮性、黏度、稠度,提高稠化速度。

⑥将活性掺和料如粉煤灰、矿渣等,与激发剂生石灰、熟石膏、活化剂等混合后高细混磨,粉磨细度达到比表面积 $400 \text{ m}^2/\text{kg}$ 以上,少量(约 $1/4 \sim 1/5$)水泥也可提高粉磨至比表面积 $400 \text{ m}^2/\text{kg}$ 左右;高细粉磨既可以提高其水化速度,又可以提高稠化速度,有明显的增黏、增稠作用,还可以促使生石灰、熟

石膏、水泥提前释放水化热,以热促凝。

⑦提高料浆温度,以蒸汽在搅拌机内对物料进行加热。没有这种加热条件的,搅拌时使用60 ℃以上热水。这种措施适用于普通硅酸盐水泥,不适用于快凝类胶凝材料,并且对化学发泡温度也不可过高,虽然温度稍高时可以促进发泡剂反应生成气体,但是温度过高会使发泡速度过快,导致气孔过大,并且会牺牲大量气泡。

(2)辅助技术措施。

这些措施可配合上述各种措施使用,多种措施并用,单独使用效果不理想。

①降低集料粒度,一般应小于3 mm,其中细重集料应小于1 mm(高密度泡沫混凝土除外)。集料等颗粒较大的材料表面应圆滑,不能有棱角尖头。

②降低浆体的水料比,在保证操作性的情况下,水料比越小越好,以提高料浆稠度。

③加强物料的搅拌,适当延长搅拌时间,并采用发泡专用搅拌机。前期搅拌应控制胶凝料浆达到细腻柔滑,富有亮泽感,后期搅拌达到混泡均匀,不留死角,浇注后泡沫不漂浮。

④尽量降低浇注高度。一次浇注高度应小于600 mm,最好小于200 mm。如果是大体积或大高度浇注,应分多次进行,下次浇注应在上次浇注初凝后和终凝前,以增加两次浇注的界面结合。

⑤减少浇注后的振动。

⑥浇注后待浆体有一定稠度时,应覆盖塑料薄膜,减少料浆中水分的蒸发。

⑦模具或地基不得有缝隙,保证浆体不泄漏,不泌水。现场浇注的基层应吸水率低,并且不会大量渗水。

2.浇注稳定性控制要点

(1)塌模及其控制。

塌模是泡沫混凝土生产中最严重的生产事故,应作为浇注稳定性的重点控制。塌模根据其发生时间,可分为前期和后期,其控制要点略有不同。

①前期塌模控制。

原因:

a.水料比大、料浆太稀而且黏度太低、对泡沫没有稳定作用。

b.发泡剂或稳泡剂的稳泡性太差、气泡破灭过快。

c.集料密度大、颗粒大、用量大,其下沉速度快而且下沉量大。

d. 胶凝材料没有快凝性,浆体稠度发展太慢。

解决这一问题的方法如下:

a. 降低料浆的水料比,增加其初始稠度和黏度,使用增黏剂和料浆稳定剂,改善浆体条件。

b. 选用稳定性较高的蛋白类发泡剂。

c. 尽量不使用重集料。

d. 使用快凝型胶凝材料。

e. 当采用普通硅酸盐水泥时,应使用无副作用的促凝剂。

②后期塌模控制。

后期塌模发生与浇注 20 min 以后(石膏除外),甚至几小时之后。引起后期塌模的主要原因是:

a. 料浆稠化速度太慢,滞后于泡沫的消失。

b. 泡沫消失太快,气泡稳定时间短于料浆初凝时间。

c. 气温过低,又没有采取升温措施。

d. 掺和料及石灰、石膏等粒度大,掺量大,水泥等胶凝材料用量小。

e. 当采用普通硅酸盐水泥时,没有使用促凝剂,水化太慢。

f. 搅拌效果差,料浆质量差,黏度计均匀度都不够。

防止后期塌模应采用如下几种方法:

a. 采用快凝水泥,或利用促凝剂促凝,加速料浆的稠化。

b. 使用高稳泡性的发泡剂并配合使用稳泡剂,使泡沫和稳定时间长于初凝时间。

c. 在气温过低时(低于 150 ℃)停止现场浇注施工,在生产制品时,应有升温养护措施。

d. 降低集料及掺和料用量,提高胶凝材料用量。

e. 控制集料的粒径,掺和料尽量磨细至 200 目以下,以提高它们在料浆中的悬浮性。

f. 提高搅拌质量,使用高性能的搅拌机,改善料浆的黏度,增加料浆的悬浮性。

(2)冒泡沉陷控制。

①由于气泡大小不均匀造成的冒泡。这大都是由于小泡破裂后合并到大泡导致大泡胀裂,使大泡中的气体溢出浆体,造成冒泡。它意味着浆内有大量的小气泡破裂并引起大气泡也破裂。大量气泡的破裂将使浆体中出现一定的凹式沉陷。控制这种冒泡,就要在发泡时大小均匀,尽量缩小泡径分布范围,

使泡径趋于一致。

②由于固体物料下沉造成的冒泡。这种情况系集料粒度过大,泡沫浆体难以支承其重压,其颗粒下沉,将底部的泡沫压破,使气体大量溢出浆面,形成冒泡。应控制集料粒度,使其越小越好,并严格控制其加量,以集料不大量下沉为原则。

(3)泌水。

泌水是指在料浆浇注以后,模具四角、边沿及浆面等处,出现一层不含物料的清水。其原因如下:

①胶凝材料量少,集料过多,其浆体黏性差。

②料浆稠度不够,保水性差。

③胚体稠化硬化慢,静停时间太长,物料下沉。

④水灰比过大,用水偏多。

当出现泌水时,可以采取下述各种技术措施予以控制:

①增加胶凝材料的用量,并适当降低集料用量。

②使用保水剂,提高浆体稠度和保水性。

③降低水灰比,适当控制用水量。

④使用快凝性胶凝材料,或使用促凝剂。

(4)分层。

浆体分层易造成密度差,其原因如下:

①泡沫和胶凝材料浆体混合不均匀。

②泡沫上浮,而固体物料下沉。

③静停时间过长。

④泡沫和胶凝浆体的比例失衡,泡沫过多。

解决上述分层的办法,可针对发生的原因来采取措施:

①加强泡沫和胶凝材料浆体的混合,使用高性能的搅拌机,提高混泡质量。

②使用增稠剂,增加料浆稠度。

③升温促凝或促凝剂促凝,缩短初凝时间。

④减少高密度材料的用量,在选用材料时尽量避免选用高密度材料。

(5)料浆稠化过慢或不凝结的控制。

出现这种现象,主要有以下几个方面的原因:

①采用了通用型硅酸盐水泥,特别是立窑生产的粉煤灰水泥、复合水泥、矿渣水泥、火山灰水泥等;

②采用了劣质水泥,或者是一些混合材掺量过大的粉磨型水泥。由于这些水泥中的熟料少,因而凝结特别慢。

③生产时的气温太低,一般采用硅酸盐水泥而气温又低于 20 ℃时,整体稠化就相当慢。

④在配比中加入了过量的填充料或粉煤灰等掺和料,当粉煤灰、秸秆粉、珍珠岩等加量超过体积比的 80% 时,都会引起稠化特别慢甚至不凝结,在气温较低时会更加严重。

⑤使用了缓凝作用较强的物料,或者使用了过量的缓凝剂。

解决这一问题的办法如下:

①避免使用凝结特别缓慢的水泥品种。

②严格控制水泥进货渠道,不使用小厂水泥或混合材过量加入的劣质水泥,从水泥质量上把好关。

③在气温较低时使用快硬或快凝水泥,或加入一些促凝剂。

④严格控制填充料及掺和料的加量,越少越好;水泥的比例应尽量大些,最好大于配比总质量的 80%。

⑤不使用有缓凝作用的物料和缓凝剂。

⑥条件允许时,应采用升温增稠或其他促凝手段。

⑦配合使用一定量的稠化外加剂。

(6)消泡过快的控制。

消泡过快大多是由以下几个方面的原因造成:

①物理发泡的发泡剂稳泡性差,这是主要的原因,出现这种情况大多数都是因为使用了低档的合成表面活性剂或松香类发泡剂,又没有采取稳泡措施,致使消泡过快。

②化学发泡在料浆中没有使用稳泡剂,致使料浆对泡沫没有稳定作用,泡沫在进入浆体后得不到加强和巩固。

③水灰比太大,料浆过稀,使泡沫在浆体中上浮过快,而重物料又下沉过快,二者都会造成泡沫的快速消失。

④发泡效果差,泡径过大,且泡沫大小不匀的情况比较严重,致使泡内气体扩散过快。

⑤重集料用量过大,浆体难以承受,使其快速下沉,压破了下部泡沫。

⑥物料中有不利于泡沫稳定的成分,甚至有消泡作用。

发生消泡过快的情况时,可采用以下技术措施:

①使用蛋白质类发泡剂,或将稳泡性差的发泡剂进行改性,达到高稳定性

后才使用。

②料浆中必须添加稳定剂,这是必不可少的组分。

③降低水灰比,料浆尽量稠些,不可太稀。

④改善发泡质量,使泡径小于 1 mm 且大小均匀。

⑤控制重集料用量,特别是碎石的用量。

⑥发泡剂中最好采用复合稳泡剂一起使用,提高其稳定性。

⑦在配方设计时,要注意各种物料的协同作用,提高其他物料对泡沫稳定的作用,不使用对泡沫稳定性有影响的物料。

3.6　泡沫混凝土各生产要素的主要影响

发泡剂、发泡机、搅拌机、胶凝材料这 4 个要素对泡沫混凝土的生产影响最大,对化学发泡来讲稳泡剂也是一个很重要的因素,其他要素也有影响,但对前述几大要素要小些。

1. 发泡剂

物理发泡剂主要影响泡沫量、泡沫稳定性和细密性等,也影响发泡成本,特别是对泡沫量及泡沫品质影响最大。

(1)泡沫量。

单位质量发泡剂的产泡量(发泡倍数)主要决定于发泡剂的品质,虽然发泡机对产泡量也有一定的影响,但起关键作用的还是发泡剂的品质。

(2)泡沫稳定性。

发泡剂决定泡沫的稳定性,发泡机也有影响,但相对影响较小。

(3)泡径的大小。

发泡剂对泡径的大小(细密性)有影响,但不及发泡机影响大。

(4)发泡成本。

发泡剂的影响最大,它的价格和用量决定发泡成本。

(5)泡沫含水量。

发泡剂对泡沫含水量有重大影响,和发泡机共同决定其泌水率。

2. 稳泡剂

物理发泡的稳泡剂可以增加浆体的稠度,使浆体的弹性增加,从而使气泡的强度和变形性能都有很大改善。物理发泡可以根据实际情况添加稳泡剂,一些发泡剂在生产过程中就已经添加了稳泡剂,或者发泡剂自身的稳泡性能较好,在这种情况下就可以不在浆料中添加稳泡剂。

化学发泡的稳泡剂分两种:一种同物理发泡一样,可以增加浆体的稠度,另一种可以采用物理发泡剂作为化学发泡的稳泡剂,可以降低浆体的表面张力,从而使泡沫不容易出现破灭现象。

3.发泡机对物理发泡的影响

①决定发泡剂是否能制成泡沫和制成什么样的泡沫,对泡沫产量起决定作用。

②泡径的大小主要是由发泡机决定的,发泡剂虽然也有影响,但不占主导。

③发泡机对泡沫的均匀性起决定性作用,其他因素对泡沫的均匀性影响极小。

④对发泡倍数(发泡剂的产泡量)有很大影响,但不是决定因素,决定因素是发泡剂。

⑤对泡沫含水量(泌水率)起主要作用,它的发泡性能越高,泡沫的含水量就越少,越不会形成乳状泡沫。

⑥对发泡成本有一定影响,但较小。

⑦对泡沫稳定性有一定影响,但较小。

4.搅拌机及搅拌混泡工艺

①是水泥浆体的质量和混泡质量的关键因素。

②决定水泥浆体的细腻、均匀程度。

③决定泡沫是否能很快均匀混入浆体,对混泡速度及均匀性起决定性作用。

④影响泡沫的稳定性和泡沫存留率。

⑤影响浇注稳定性,浇筑后浆体是否塌陷、分层,均与它有很大关系。

⑥对泡沫混凝土的强度有一定影响。

⑦决定化学发泡剂是否能短时间分散于浆料中。

5.泵车及浇注工艺的影响

①影响泡沫浆体的稳定性及泡沫存留率。

②对浇注稳定性有重大影响。

③对成形或浇注速度有重大影响。

6.养护方式的影响

①对泡沫混凝土的强度有重大影响。相同原料及配方,蒸压强度最高、蒸养次之、自然养护最差;养护温度湿度及时间对强度影响最大。

②对浇注稳定性影响很大。

③对生产速度及模具周转有很大影响。

④对生产成本有一定影响。

7.胶凝材料的影响

①对泡沫混凝土的强度起主要作用。泡沫掺量也影响强度,但水泥等胶凝材料性能的影响更大。

②影响浇注的稳定性。快凝胶凝材料的浇注稳定性好,而凝结较慢的胶凝材料浇注稳定性差。

③影响生产成本。泡沫混凝土的大部分成本是胶凝材料,它的品种、价格、用量等对成本影响最大。

8.外加剂的影响

①浇注稳定剂对浇注的稳定性起重要作用,但它对强度也有不利影响。

②促凝剂对浇注稳定性影响较大,但它对强度也有负面作用。

③镁水泥改性剂对其克服弊病起关键作用。

④活化剂对粉煤灰泡沫混凝土早期强度无太大影响,但对后期及远期强度有重大影响。

⑤减水剂如果与泡沫的适应性较好,会对泡沫混凝土各方面的性能均有较好的影响。

3.7 泡沫混凝土切割与包装

施工现场泵送浇注的泡沫混凝土,在表面抹平之后经过自然养护,达到设计强度便可以进行后续施工。而在工厂预制的泡沫混凝土制品,在浆料浇注进入模具之后,还需要继续养护,达到一定强度之后进行脱模、切割,最后才能包装出厂。

1.对切割时间的要求

如果想对泡沫混凝土顺利地进行切割,就应该很好地掌握泡沫混凝土的切割时间。原因是如果切割时间过早,则泡沫混凝土的强度较低,切割时产生的振动和摩擦对泡沫混凝土制品有不利影响,容易导致制品破坏,降低制品的成品率。而如果切割时间过晚,一方面生产周转时间长,另一方面泡沫混凝土也具有较高的强度,这样就增加了切割的难度和锯的磨损。因此,泡沫混凝土的切割应选取在制品具有一定强度、不容易发生破坏之后,但又尚未达到标准强度之时。如果以普通硅酸盐水泥为原料,泡沫混凝土制品的后期养护、切割等工艺流程应如图 3.21 所示。

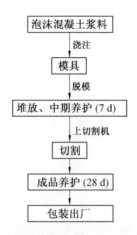

图 3.21　泡沫混凝土后期工艺流程图

图 3.21 中给出的切割时间和养护时间可以提供参考,在实际生产中,需要根据具体的水泥凝结时间和强度增长的速度进行调整。如果采用硫铝酸盐水泥等快硬水泥为原料,则应将切割时间提前,而如果原材料中加入了粉煤灰等凝结硬化较慢的矿物掺和料,则应将切割时间延后,一般在达到标准强度龄期的 1/3 时间左右。

2. 对切割设备的要求

泡沫混凝土的规模化工业生产,离不开高效率的切割设备,一般来讲,泡沫混凝土的切割应经过坯料上线—水平上下两面切割—去上皮废料—粉碎下层废料—四锯垂直切割—自动 90°转弯—立式锯切割为成品—包装成件等过程。归结起来,泡沫混凝土的切割设备应该具有以下性能:

①具有自动化控制程序,自动横切、竖切、反转、平移,自动清除废料,尽量避免人工操作环节。

②去皮平整、速度快,设备具有一定的自重,工作稳定,不会出现摆动、弹跳、走形、跑偏等现象。

③设备自身设计可以消除锯片回拉应力,使胚体不颤动;切割胚体的宽度在一定范围内任意可调。

④可以多锯切割,一次可将大型坯体分切成数十块,切割速度快。

⑤锯条间距可以调节,可根据制品要求,将胚体切割成不同的规格,切割尺寸精确,误差小;

⑥装机容量小,切割能耗低,结构维修方便,占地面积小,节省人工操作。

3.对输送、包装设备的要求

泡沫混凝土制品的包装大多采用塑封膜,其输送与包装工艺一般经过平台输送—自动裹包—自动封口—汽缸推送—烤箱热收缩—冷却—完成包装。在这一部分工艺流程中的设备应具有以下特点:

①输送设备的速度应与切割、包装设备相协调,可以使生产线顺利运转。

②设备自动化程度高,包装过程避免人工操控,包装效率高,节约人工成本。

③输送设备运行平稳,无震动,避免产品破损。

④输送设备与胚体具有一定的摩擦力,可以提高设备的传送速度,确保连续流水作业。

⑤包装设备的加热和冷却速度快,可以提高包装成形的速度。

图3.22　包装后的泡沫混凝土制品

总之,切割与包装是整个泡沫混凝土生产工艺中的最终环节,如果得不到有效的工艺和设备保障,出现产品问题,会使之前的生产过程全部失去意义,因此应该予以足够的重视。

第4章　泡末混凝土结构与性能

4.1　结构特征

从切面上看,泡沫混凝土制品是由许许多多大小不等的气孔和气孔壁组成的结合体。气孔由泡沫在料浆中形成,并在硬化过程中固定在混凝土中。孔间壁系由水化产物、未反应的材料颗粒和孔间壁内的孔隙组成。对于体积密度为 500 kg/m³ 的泡沫混凝土而言,其气孔约占整个体积的50%(总孔隙率约70%),其余50%即为孔间壁。这些气孔及气孔壁的组成成分、性能决定了泡沫混凝土制品的物理性能。按照直径的大小,泡沫混凝土的气孔可分为5类:宏观孔、微观孔(包括毛细孔)、凝胶孔、晶间孔和超微孔。一般来讲,制品的气孔直径以 0.5 ~ 1.0 mm 为最佳(理论上)。气孔结构和气孔壁的组成则主要取决于各种原材料及其配合比。

1. 气孔结构与制品性能的关系

在泡沫混凝土制品中,密度为 500 kg/m³ 的制品总孔隙率一般为70% ~ 75%,密度为 600 kg/m³ 的制品总孔隙率一般为 50% ~ 60%,密度为 700 kg/m³ 的制品总孔隙率一般为 40% ~ 45%。这些孔隙的存在,既改变了制品的密度,又影响了制品的强度。同时,也提高了制品的保温性和抗冻性。当气孔直径小于 2 mm 且分布均匀时,制品有较好的抵抗非负载的能力,其抗压强度值较高。当气孔直径大于 2 mm 且分布不均匀时,在外力的作用下,极易产生应力集中,从而导致制品某些孔壁结构提前遭到破坏,其抗压强度值也随着降低。

2. 泡沫混凝土气孔壁的组成和性能

泡沫混凝土从宏观上看是由气孔和气孔壁组成的,在显微镜下观察发现,硅钙质泡沫混凝土的孔壁包含大小不等的硅质材料微粒、参与反应后剩下的水泥粒子尚未水化完毕的部分。在这些物料固体颗粒之间,汇集大量的水化产物和形状、大小不同的微孔和缝隙,并形成一个由硅质材料颗粒组成的骨架,水化硅酸盐胶体和结晶体黏附在其周围,包括有各种微小孔隙等缺陷的不匀质固-液-气三相堆聚的结构。在气孔壁的结构中,各种材料和物料之间,不仅是物料颗粒间的直接接触或者机械啮合,而且还有高压、高湿、高热条件下,各物料之间产生化学反应形成的更为坚硬的水化产物的结合。这也是气孔壁能承受外力作用的最主要原因。

(1)水化产物。

硅酸盐泡沫混凝土的水化产物和一般硅酸盐混凝土相似。以粉煤灰、水泥泡沫混凝土为例,其水化产物主要是水化硅酸钙。菱镁泡沫混凝土的水化产物是5·1·8相结构。不同的原料所产生的泡沫混凝土其水化产物不同。

(2)未反应的材料颗粒。

对于泡沫混凝土而言,不能说水化反应越完全,水化产物越多,泡沫混凝土的强度就越高。以一定数量的未反应颗粒构成骨架,水化产物作为胶结料,包裹在未反应颗粒表面并填充其空隙构成混凝土整体,其强度及其他物理力学性能最好。

(3)孔间壁内的孔隙。

孔间壁内的孔隙结构主要与原材料的水料比和水化反应程度有关。一般来说,按孔隙的大小可以大致地分为水化产物内的胶凝孔、毛细孔以及介于两者之间的过渡孔。水化产物内的孔尺寸较小,其孔径一般小于 5 mm;毛细孔是原材料-水系中没有被水化产物填充的原来的充水空间。这类孔隙的尺寸比较大,其孔径一般大于 200 mm,在上述两类孔隙之间的,称为过渡孔。

孔径的大小与孔隙对混凝土强度影响较大,但泡沫混凝土本身是一种多孔结构,相对来说,孔间壁内的孔隙对强度的影响不如气孔结构对强度的影响大。

3. 泡沫混凝土孔结构

泡沫混凝土的强度受气孔结构及形状的影响较大。泡沫混凝土的气孔率主要取决于泡沫的加入量,这也就决定了泡沫混凝土的体积密度。泡沫混凝土的强度同样服从孔隙率理论。孔隙率越大,体积密度越小,强度也就越低。如果保持孔隙率不变(体积密度也相应不变),改变气孔的大小,也可以改变泡沫混凝土的强度。在工艺条件许可时,尽量减小气孔的尺寸,将可以提高泡沫混凝土的强度。如果将气孔与孔间壁中的毛细孔、胶凝孔一起计算孔隙率,泡沫混凝土的总孔隙率可达70%(当体积密度为500 kg/m³时)。有的研究者认为,如果保持孔隙不变,减少气孔含量,增大毛细孔含量,同样可以提高泡沫混凝土的强度。

气孔的形状因生产工艺条件不同而分为封闭的圆孔（或多面体孔）、没有完全封闭的孔和完全贯通的孔三类。其中，第一种孔对强度等物理力学性能的不利影响最小，而第三类孔影响最大。

总之，好的泡沫混凝土制品，必须具有良好的气孔结构，要想获得良好的气孔结构又必须通过合理的配料参数，使料浆的气泡稳定与稠化相适应。由于泡沫混凝土原料的多样性，在实际生产中会出现不同的情况，可以通过大量的实践，形成适合各自条件的技术，从而提高产品质量。

4.2 密度及影响因素

4.2.1 密度

1. 密度的概念

从物理概念上讲，某种物质单位体积的质量称为密度。但对于泡沫混凝土等建筑材料来讲，需要根据不同的需要，将其分成表观密度、近似密度、真密度和堆积密度等。其中，以表观密度的应用最多。

（1）表观密度。

表观密度指单位体积（包括内部孔隙的体积）的多孔材料的质量。

$$\rho_0 = \frac{m}{V_0} \tag{4.1}$$

式中 ρ_0——表观密度，kg/m^3 或 g/cm^3；

m——保温隔热材料质量，kg 或 g；

V_0——外形体积，m^3 或 cm^3。

（2）近似密度。

近似密度又称视密度，指排除开口气孔后，单位体积（包括封闭气孔的体积）的多孔材料的质量。

$$\rho_f = \frac{m}{V_0 - V_1} \tag{4.2}$$

式中 ρ_f——近似密度，kg/m^3 或 g/cm^3；

V_1——开口气孔体积，m^3 或 cm^3。

（3）真密度。

真密度指排除所有气孔后（绝对密实状态），单位体积多孔材料的质量。

$$\rho_t = \frac{m}{V_0 - (V_1 + V_2)} \qquad (4.3)$$

式中　ρ_t——真密度，kg/m^3 或 g/cm^3；

　　　　V_2——封闭气孔体积，m^3 或 cm^3。

（4）堆积密度。

堆积密度指散粒状材料在松散堆积状态下，单位体积的质量。

$$\rho_b = \frac{m}{V_s} \qquad (4.4)$$

式中　ρ_b——堆积密度，kg/m^3 或 g/cm^3；

　　　　V_s——散粒状材料的堆积体积，m^3 或 cm^3。

在讲到泡沫混凝土的密度时，有必要引入孔隙率的概念：孔隙率指整个材料体积中气孔体积所占的百分比。

$$P = \frac{V_1 + V_2}{V_0} \times 100\% \qquad (4.5)$$

式中　P——孔隙率，%。

泡沫混凝土的密度和孔隙率成反比，孔隙率越高，泡沫混凝土中胶凝材料所占的比例就越低，因此密度也就越低。

2. 泡沫混凝土的密度要求

一般轻质混凝土（包括加气混凝土）的密度为 500～1 200 kg/m^3，加气混凝土的密度大多为 500～700 kg/m^3，500 kg/m^3 以下虽然也有技术指标，但实际上由于难以生产而始终没有广泛应用，只有近年北京等地试产少量 300 kg/m^3 以下超低密度产品。

相对于其他轻质混凝土，泡沫混凝土可以方便地达到更低的密度。目前，300 kg/m^3 以下密度的泡沫混凝土产品已经在外墙保温系统、地暖工程、空心砌块填心等方面大量应用。为了突出这个优势，泡沫混凝土应该实现低密度生产，在同等强度的情况下，达到更低的密度。300 kg/m^3 以下制品，其他轻质混凝土不易生产，泡沫混凝土应在这方面发挥优势。

由于泡沫混凝土用途十分广泛，不同的用途有不同的密度，但这一密度应低于其他轻质混凝土，才有竞争力。一般讲，泡沫混凝土的密度范围为 100～1 200 kg/m^3，其中，常用的为 250～700 kg/m^3，其范围是相当宽的。在这一范围内，根据不同的用途密度要求可变化调整如下：

①用于地暖、外墙保温系统、严寒地区屋面保温、空心砌块填心、地基保温覆盖等保温用途的，密度可控制在 100～300 kg/m^3。

②用于挡土墙、地下填充、垃圾覆盖等,密度可控制在 $250 \sim 350 \ kg/m^3$。

③用于非承重墙体制品及现浇,密度可控制在 $300 \sim 700 \ kg/m^3$。

④用于承重墙体及其他承重制品的,密度可控制在 $900 \sim 1\ 200 \ kg/m^3$。

4.2.2　密度的影响因素

影响泡沫混凝土密度的因素有很多,但最主要有以下几点:

1.水泥与泡沫(发泡剂)的投放比例

泡沫混凝土的密度归根结底取决于水泥与泡沫(发泡剂)的投放比例。也就是说,在固定 $1\ m^3$ 的体积中(不考虑泡沫塌陷的情况),水泥投放得越多,泡沫(发泡剂)投放得越少,则密度越高,反之,则越低。因此,泡沫混凝土的密度可以根据配合比的计算进行设计。

2.水泥的凝结时间

在泡沫混凝土浇注后,水泥的凝结时间会对泡沫混凝土的密度产生影响。如果凝结时间过慢,超过了泡沫的稳定时间,则会发生泡沫的塌陷,导致制备的泡沫混凝土密度偏大。因此,在实际生产中,应根据制备条件调整适宜的水泥凝结时间,使水泥的凝结时间低于泡沫的稳定时间。但也不可使水泥的凝结时间过快,一方面水泥的过早凝结会导致内部结构的不均匀,从而影响强度,另一方面,如果采用化学发泡方法,凝结时间过快可能会导致水泥在凝结硬化之后,发泡剂仍继续产生气体,从而使泡沫混凝土出现裂缝。

3.泡沫的稳定性

泡沫的稳定性也是影响泡沫混凝土密度的重要因素,如果泡沫的稳定时间短于水泥的凝结硬化时间,就会出现塌模现象;而如果泡沫的稳定时间长于水泥的凝结硬化时间,那么水泥就会将泡沫及时地固定住,从而可以制备出理想密度的泡沫混凝土。因此,在实际生产中,应采取措施尽量延长泡沫的稳定时间。

4.3　强度及影响因素

4.3.1　强度

1.强度的概念

材料在外力(荷载)作用下抵抗破坏的能力称为强度,以材料受外力破坏时单位面积上所承受的力表示。根据外力(荷载)的作用性质不同,主要有抗压强度、抗折强度、抗拉强度和抗弯强度等。其中,在泡沫混凝土领域抗压和抗折强度应用最多。

(1)抗压强度。

$$f = \frac{F}{A} \qquad (4.6)$$

式中 f——试件的抗压强度,MPa;

F——最大破坏荷载,N;

A——试件的受压面积,mm^2。

(2)抗折强度。

$$f_f = \frac{PL}{bh^2} \qquad (4.7)$$

式中 f_f——试件的抗折强度,MPa;

P——破坏荷载,N;

b——试件宽度,mm;

h——试件高度,mm;

L——支座间距及跨度,mm。

2. 强度的来源

泡沫混凝土在大泡沫量的情况下,虽孔隙率非常高,但仍有比较理想的使用强度,可满足各种需要。它的强度主要来自胶凝材料自身产生的胶凝作用。它所用的胶凝材料一般要求胶凝作用强,特别是高孔隙率产品,所以一般以大掺量的高标号水泥、含量80% ~ 85%的镁水泥作为胶凝材料,在低泡沫掺量时也可使用高强石膏。如果胶凝材料的胶凝作用不强,泡沫混凝土的强度就无法保证。对胶凝材料的技术要求有三个:一是胶凝材料的大掺量,一般要大于50%;二是高胶凝力;三是早强性好、凝结快。这是它区别于其他多孔材料特别是加气混凝土的主要技术特征之一。加气混凝土因采用蒸压,水泥用量很少,一般只有7%,它主要靠粉煤灰在蒸压下产生的胶结力来产生强度,水泥是辅助的。而泡沫混凝土相反,它以水泥、菱镁、石膏为主要胶凝材料,粉煤灰等只起填充作用,不是胶凝作用的主体。

3. 泡沫混凝土强度的要求

因泡沫混凝土密度很低,而且大多是自然养护,即使采用较高掺量的胶凝材料,使用强度也相应较低。因此,使用泡沫混凝土,不能期望它有过高的强度值,而应以满足使用要求即可。

泡沫混凝土的强度大致在0.5 ~ 2.5 MPa之间(不包括承重型),保温用途、填充用途、覆盖用途等,对强度要求很低,控制在 0.5 ~ 1 MPa 之间即可,结构保温型可控制在 1 ~ 2.5 MPa 之间,承重型应控制在 5 ~ 10 MPa。

4.3.2 强度的影响因素

1.干密度

在组成、配比和制备工艺相同的前提下,泡沫混凝土抗压强度与干密度之间具有良好的相关性,即其他情况相同的前提下,泡沫混凝土的干密度升高或降低时,强度也随之升高或降低。而泡沫混凝土的干密度取决于孔隙率,则此规律可以进一步解释为:泡沫混凝土孔隙率越高,干密度越低,强度也越低;孔隙率越低,干密度越高,强度也越高。因此,在低密度的情况下就意味着不会有高强度,孔隙率和密度应该与强度相适应,二者应统一考虑。

由于各个企业生产所用原材料、配比、工艺不同,相同密度的泡沫混凝土强度也会有一定差别,表 4.1 为泡沫混凝土强度与密度的关系。

表 4.1　泡沫混凝土强度与密度的关系

密度/(kg·m⁻³)	200 ~ 300	300 ~ 400	400 ~ 500	500 ~ 600	600 ~ 700	700 ~ 1000
抗压强度/MPa	0.4 ~ 0.6	0.6 ~ 1.0	1.0 ~ 1.5	1.5 ~ 2.0	2.0 ~ 2.5	>2.5

2.气孔结构

泡沫混凝土内部气孔的尺寸、形态、分布都会对抗压强度产生重要影响。从物理力学原理可知:物体形状越圆滑,受力就越均匀,抗压力就越大。若气孔不是近似的球形,那它的抗压力就很低,整个泡沫混凝土的抗压强度也随之降低。因此,要尽量提高泡沫的机械强度,使用稳定性好的优质泡沫,使之形成圆球形的气孔,以提高泡沫混凝土的强度。

气孔的均匀性对泡沫混凝土的强度影响也非常大。气孔越均匀,泡沫混凝土的强度就越好。这是因为,当泡沫混凝土受压时,压应力最容易向大孔集中,导致大孔破裂。一个个破裂的大孔贯穿,就形成了泡沫混凝土的裂缝。当气孔大小一致时,各个气孔可以均匀受力,压力分散于各个气孔而不会集中。而当气孔大小不均时,大孔受力就大,而小孔受力就小,这样,应力就会集中到大孔上,所以,大孔往往比小孔先破裂。所以,提高泡沫混凝土的强度,保持气孔的均匀性是重要的技术措施。

许多研究者的试验都证明,气孔的尺寸越小,泡沫混凝土的强度就越高。在泡沫混凝土的孔隙率相同时,孔径小的泡沫混凝土的强度明显高于孔径大的。因此,泡沫混凝土的强度与孔径成反比。在一般情况下,孔径每增大

1 mm,泡沫混凝土的强度就下降 15% ~ 20% ;所以,泡沫混凝土的孔径不宜超过 1 mm,大多应在 0.1 ~ 1 mm 之间。历来的研究都有相同的结论:泡沫混凝土大于 1 mm 的气孔已属于有害孔,这种大孔越多,泡沫混凝土力学性能就差。

根据这一原理,泡沫混凝土应严格控制孔径,不要大于 1 mm。即使必须使用大孔泡沫混凝土时,孔径也应小于 3 mm。有些读者认为气孔越大,泡沫混凝土的密度越小,这是不对的。密度与气孔的大小无关,小孔数量多,也同样可以实现低密度,而强度却能保持较高的水平。

泡沫混凝土完全依靠孔间壁的支撑作用产生强度,它们是强度的主要来源。同时,孔间壁又影响密度,它越厚则密度越大。对孔间壁的理想要求是希望它既薄又高强,二者统一。孔间壁薄则泡沫混凝土密度低,孔间壁高强则泡沫混凝土的强度也高。要实现这一点,孔间壁应该密实度高些,壁内孔隙要少,最好没有。孔间壁应以胶凝材料的水化产物为主体,水化产物越多越好,没有反应完全的颗粒越少越好,要达到这一目的,就要选用优质高标号的胶凝材料,湿热养护,并少加填充料。

3. 水灰比

在普通混凝土的制备中,混凝土的强度随成形水灰比的减小而增大,但在泡沫混凝土试验中发现的情况却不尽相同。

①在浆体的流动性主要依靠外加剂的用量来控制时(即浆体已经具备良好的流动性),随着水灰比的减小,强度增大;反之,减小。分析原因:随着水灰比的减小,混凝土中的游离水量减少,泡沫混凝土的吸水率降低,有效增加了混凝土强度;但当水灰比继续降低时,由于水泥水化的需水量不足会吸收泡沫中的水分,使得泡沫破裂,从而引起封闭气泡数量减少和混凝土均匀性下降,造成强度降低。

②在浆体的流动性主要依靠水的用量来控制时,随着水灰比的增大,强度增大;反之,减小。

分析原因:较高的成形水灰比,保证了浆料的良好流动性,能确保将泡沫均匀引入到水泥浆料中并均匀分布,从而实现强度的增长。相反,水灰比的降低,浆体材料流动性不足,将引起气泡分布不均,从而降低混凝土的强度。

综合以上情况,泡沫混凝土的水灰比对强度的影响是多方面的,应结合具体情况具体分析,调整水灰比的大小,使泡沫混凝土内部材料结构均匀而多封闭独立气泡是提高泡沫混凝土强度的重要途径。

4. 水泥强度等级

在其他条件相同的情况下,水泥强度等级越高,泡沫混凝土的强度也越高,但同时制备成本也随之升高,要降低生产成本,需采用低标号的水泥,但制备出的泡沫混凝土强度也会降低。因此,在泡沫混凝土的生产中,应根据实际需要,将高强度与低成本有机结合,在尽可能采用高强度水泥和尽可能降低成本的前提下制备泡沫混凝土。

4.4 尺寸稳定性及影响因素

4.4.1 尺寸稳定性

1. 尺寸稳定性的概念

尺寸稳定性是指材料在受机械力、热或其他外界条件作用下,其外形尺寸不发生变化的性能。根据外界条件作用的不同,尺寸稳定性可以分为干燥收缩、自收缩、化学收缩或膨胀、温度收缩或膨胀等。泡沫混凝土在尺寸稳定性方面的问题主要是会在凝结硬化过程中产生收缩,包括干燥收缩、自收缩等。

置于未饱和空气中的混凝土因水分散失而引起的体积缩小变形,称为干燥收缩(简称干缩)。而混凝土在硬化阶段,在恒温、与外界无水分交换的情况下也会发生宏观体积的减少,这种情况称为自收缩。

泡沫混凝土的自收缩主要是由水泥水化引起的内部自干缩产生的毛细管张力造成的,而干缩主要来源于泡沫混凝土毛细孔水分蒸发失水产生的毛细孔收缩应力。

所有的水泥混凝土制品都存在干缩和自收缩问题,但由于自收缩很难测量,而干燥收缩的测量相对方便一些,并且由于测量方法的原因,干缩的测量结果中也包括部分自收缩,因此一般采用干燥收缩值来衡量混凝土的收缩程度。

$$S = \frac{L_1 - L_2}{L_0 + L_1 - 2L - M_0} \times 1\ 000 \tag{4.8}$$

式中　S——干燥收缩值,mm/m;

　　　L_0——标准杆长度,mm;

　　　L_1——试件初始长度(百分表读数),mm;

　　　L_2——试件干燥后长度(百分表读数),mm;

　　　L——收缩头长度,mm;

M_0——百分表原点,mm。

2.泡沫混凝土尺寸稳定性的要求

泡沫混凝土的干燥收缩太大,会使其制品或施工面容易裂纹,用其制品砌筑的墙体也会因收缩而裂缝。有时,收缩还导致变形翘曲。由于泡沫混凝土的密度低,内部孔隙多,更容易出现干燥收缩。为了减少裂纹和变形,应控制其干燥收缩在技术允许的范围内。在一般情况下,它的干燥收缩值在 0.6 ~ 1.0 mm/m 之间是允许的,一些中高档用途,干燥收缩值可控制得更严格一些,应降至 0.6 ~ 0.8 mm/m 之间。

4.4.2 尺寸稳定性的影响因素

由于泡沫混凝土的收缩主要来源于干缩和自收缩,因此,以下只讲这两种收缩的影响因素。

1.水泥的矿物组成

水泥的矿物组成中 C_3A 和 C_4AF 的含量对泡沫混凝土的自收缩影响最为显著,二者含量增加,自收缩值增加。

2.矿物掺和料的种类

含有硅灰和磨细矿渣粉的泡沫混凝土的自收缩值与普通泡沫混凝土相比会有所增加;而使用了粉煤灰、石灰石粉、憎水石英粉的泡沫混凝土自收缩值会降低。

3.水灰比

随着水灰比的增大,泡沫混凝土水泥基体中的毛细孔也逐渐增多,而干燥收缩主要是由于水泥中的毛细孔和凝胶孔失水造成的,因此泡沫混凝土的干燥收缩会随着水灰比的增大而增大。

4.龄期

在常温养护的条件下,当龄期从 3 d 到 28 d 时,泡沫混凝土水泥基体中大量产生 C-S-H(水化硅酸钙),导致毛细孔细化,干燥收缩随龄期增加而增大;而当龄期大于 28 d 时,水泥水化减缓,水泥基体一部分收缩开始恢复,致使干缩随龄期增加而减小。

5.养护制度

当养护温度逐渐由低温升至高温时,泡沫混凝土的干缩逐渐减小,而当养护湿度逐渐减小时,泡沫混凝土的干缩逐渐增大。

6.集料

当在泡沫混凝土中掺加集料后,一方面集料取代了等体积的泡沫混凝土,另一方面集料可以起到骨架支撑的作用,因此加入集料可以抑制泡沫混凝土的干缩。

4.5 热声性能

4.5.1 热工性能

泡沫混凝土保温隔热作用的机理可由图4.1来说明。

当热量 Q 从高温面向低温面传递时,在碰到气孔之前,传递过程为固相中的导热,在碰到气孔后,一条路线仍然是通过固相传递,但其传热方向发生了变化,总的传热路线大大增加,从而使传递速度减缓;另一条路线是通过气孔内气体的传热,其中包括高温固体表面对气体的辐射和对流传热、气体自身的对流传热、气体的导热、热气体对冷固体表面的辐射及对流传热以及热固体表面和冷固体表面之间的辐射传热。由于在常温下对流和辐射传热在总的传热中所占的比例很小,故以气孔中的气体导热为主,但由于空气的导热系数仅仅为 0.029 W/(m·K),远远小于固体的导热系数,故热量通过气孔传递的阻力较大,从而传热速度大大减缓。这也是含有大量气孔的材料能起保温隔热作用的原因。

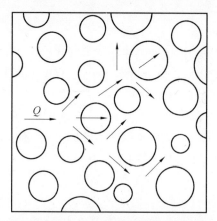

图4.1 泡沫混凝土的传热过程

1.导热系数

(1)导热系数的概念及推导。

热量通过围护结构的传热过程如图4.2所示。实践证明,在稳定导热的

情况下,通过壁体的热量 Q 与壁体材料的导热能力、壁面之间的温差、传热面积和传热时间成正比,与壁体的厚度成反比。即

$$Q = \frac{\lambda(t_n - t_w)FZ}{\delta} \qquad (4.9)$$

式中　Q——总的传热量,J;

　　　λ——材料的导热系数,W/(m·K);

　　　δ——壁体的厚度,m;

　　　t_n, t_w——壁体内、外表面的温度,K 或 ℃;

　　　Z——传热时间,s 或 h;

　　　F——传热面积,m^2。

上式可以改写成:

$$\lambda = \frac{Q\delta}{(t_n - t_w)FZ} \qquad (4.10)$$

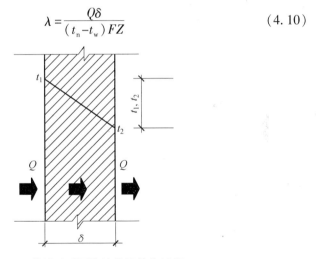

图4.2　热量通过围护结构的传热过程

由式(4.10)可以说明导热系数 λ 的物理意义,即在稳定传热条件下,当材料层单位厚度内相对表面的温差为 1 K 时,在 1 h 内通过单位面积(1 m^2)传递的热量。

材料保温隔热性能的好坏是由材料导热系数的大小所决定的。导热系数越小,保温隔热性能越好。绝大多数建筑材料的导热系数介于 0.023 ~ 3.49 W/(m·K)之间,通常把 λ 值不大于 0.23 W/(m·K)的材料称为保温隔热材料。进而根据材料的适用温度范围,将可在零度以下使用的保温隔热材料称为保冷材料,适用温度超过 1 000 ℃者称为耐火保温隔热材料。习惯上通常将保温隔热材料分为三挡,即低温保温隔热材料(使用温度低于

250 ℃)、中温保温隔热材料(使用温度为 250 ~ 700 ℃)、高温保温隔热材料(使用温度 700 ℃以上)。应当指出,即使同一种材料,其导热系数也不是常数,它与材料的构造、湿度和温度等因素有关。

以 q 表示单位时间内通过单位面积的热量,称其为热流强度,则式(4.9)可以改写成

$$q = \frac{\lambda(t_n - t_w)}{\delta} \qquad (4.11)$$

$\frac{\lambda}{\delta}$ 决定了某种材料在一定的表面温差下单位时间通过单位面积的热流量的大小。建筑热工中,把 $\frac{\lambda}{\delta}$ 的倒数 $\frac{\delta}{\lambda}$ 称为材料层的热阻,用 R 表示,其单位为 $(m^2 \cdot K)/W$,则式(4.11)又可改为

$$q = \frac{t_n - t_w}{R} \qquad (4.12)$$

热阻 R 可用来表示保温隔热材料抵抗热流通过的能力,即热流通过时所遇阻力。同样温差条件下,热阻越大,通过保温隔热材料的热量越少。

(2)泡沫混凝土导热系数的要求。

目前,泡沫混凝土大部分用于建筑保温,因此,它的导热系数越低越好。密度为 200 ~ 800 kg/m³ 的泡沫混凝土,导热系数应控制在 0.06 ~ 0.18 W/(m·K)之间。在这个范围内,根据不同制品与用途,再具体调整与控制。一般情况下,地暖及外墙保温等对保温要求较高的,导热系数应控制在 0.05 ~ 0.1 W/(m·K)之间。一般性保温要求的,导热系数可控制在 0.1 ~ 0.18 W/(m·K)之间。用于承重制品的,导热系数可放宽一些,控制在 0.3 ~ 0.8 W/(m·K)之间即可,不必要求过低。

当泡沫混凝土用于非保温领域,如挡土墙、垃圾覆盖、地下填充、跑道地基、园林园艺制品等,可以不考虑其导热系数。

2.导温系数

导热系数是衡量一种材料当其两侧面有一定温差时,传递热量多少的一个热工指标。然而传递热量的快慢程度,导热系数是反应不出来的,它要用导温系数来衡量。

所谓导温系数,即表示在冷却或加热过程中各点达到同样温度的速度。体积热容量等于比热容 c 与表观密度 ρ_0 的乘积,其物理意义是 1 m³ 材料升或降温 1 K 时所吸收或放出的热量。导温系数越大,则各点达到同样温度的速

度就越快。

材料的导温系数与导热系数成正比,与材料的比热容和表观密度成反比,即

$$\alpha = \frac{\lambda}{c\rho_0} \qquad (4.13)$$

式中　α——材料的导温系数,m^2/h;

　　　λ——导热系数,$W/(m \cdot K)$;

　　　c——材料的比热容,$kJ/(kg \cdot K)$;

　　　ρ_0——材料的表观密度,kg/m^3。

这项热工指标为建筑设计人员合理选择保温隔热材料提供了重要参考。如保温隔热材料多为轻质的,即 ρ_0 较小,相应的导温系数大,居室的冷、热变化速度快,这是人们不希望的。所以,选择围护结构材料时,不但要考虑材料的导热系数,还要考虑材料的导温系数。

3. 比热容

材料的比热容表示 1 kg 物质温度升高或降低 1 K 时所吸收或放出的热量,单位为 $kJ/(kg \cdot K)$。比热容是衡量当温度升高时,材料吸热性的指标,即

$$c = \frac{Q}{m(t_2 - t_1)} \qquad (4.14)$$

式中　Q——材料吸收热量,kJ;

　　　t_1——材料受热前温度,K;

　　　t_2——材料受热后温度,K。

材料的比热容主要取决于矿物成分和有机成分含量,一般无机材料比热容都比有机材料的小。各种材料的比热容在 $0.419 \sim 2.512\ kJ/(kg \cdot K)$ 的范围内。湿度对材料比热容有很大影响,因为水的比热容大大超过保温隔热材料的比热容,所以随材料湿度的增大,其比热容也随之增大。

4. 蓄热系数

蓄热系数是衡量保温隔热能力的重要性能指标。它取决于材料的导热系数、比热容、表观密度以及热流动周期 T,即

$$S = \sqrt{\frac{2\pi\lambda C\rho_0}{T}} \qquad (4.15)$$

式中　S——蓄热系数,$W/(m^2 \cdot K)$;

　　　T——热流波动周期,s。

由式(4.15)可以看出材料的表观密度大,其蓄热性能好;表观密度小的

材料,蓄热性能就差。因此,轻型维护结构因表观密度小,蓄热能力小,热稳定性就差。

5.温度稳定性

材料在受热作用下保持其原有性能不变的能力,称为保温隔热材料的温度稳定性。通常用其不致丧失保温隔热性能的极限温度来表示。

6.吸湿性

保温隔热材料从潮湿环境吸收水分的能力称为吸湿性。吸湿性越大,其保温隔热效果越差。

4.5.2　影响热工性能的主要因素

1.影响泡沫混凝土导热系数的主要因素

(1)材料的化学结构、组成和聚集状态。

材料的分子结构不同,其导热系数有很大的差别,通常晶体构造的材料其 λ 最大,微晶体构造的 λ 次之,玻璃体构造的 λ 最小。材料中有机物组分增加,其导热系数降低。对于多孔保温隔热材料来说,无论固体部分的结构是晶体还是玻璃体的,对导热系数影响都不大。因为这些材料的孔隙率很高,颗粒或纤维之间充满空气,此时,气体的导热系数起主要作用,固体部分的影响就减少了。

(2)材料的表观密度。

由于材料中固体物质的导热能力比空气的大得多,故孔隙率较高、表观密度较小的材料,其导热系数也较小。材料的导热系数不仅与材料的孔隙率有关,而且还与孔隙率的大小和特征有关。在孔隙率相同的情况下,孔隙尺寸越大,导热系数越大,因为太大的孔隙不仅孔壁温差较大,而且辐射传热量加大的同时,大孔隙内的对流传热也增多。孔隙互相连通比封闭而不连通的导热系数大。此外,对于表观密度很小的材料,当表观密度低于某一极限时,导热系数反而增大,这是由于孔隙率过大,相互连通的孔隙率增多,对流传热增强,从而导致导热系数增大。

(3)湿度。

环境湿度大,材料含水率提高,由于水的导热系数 $\lambda[0.581\ 5\ \text{W}/(\text{m}\cdot\text{K})]$ 比静态空气的导热系数 $\lambda[0.023\ 26\ \text{W}/(\text{m}\cdot\text{K})]$ 大20多倍,这样必然导致材料的导热系数增大,如图4.3所示。如果孔隙中的水分冻结成冰,冰的导热系数 $\lambda[2.326\ \text{W}/(\text{m}\cdot\text{K})]$ 是水的4倍,材料的导热系数将更大。因此,保温隔热材料应尽量选用吸水性能小的原材料;同时保温隔热材料在使用过程中,应注意防潮、防水。

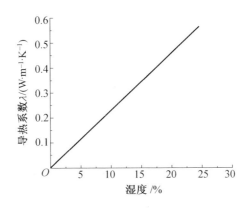

图 4.3　导热系数与湿度的关系

（4）温度。

材料的导热系数随着温度的升高而增大，因为温度升高，材料固体分子热运动增强，同时，材料孔隙中空气的导热和孔壁间的辐射作用也有所增强，所以，材料的导热系数增大。但这种影响在 0 ~ 50 ℃范围内不太明显，只有在高温或负温下比较明显，应用时才需考虑。

对于大多数材料来讲，导热系数与温度的关系近似于线性关系。

（5）热流方向。

对于各向异性材料，如木材等纤维质材料，当热流平行于纤维延伸方向时，受到的阻力小，导热系数就大；而热流垂直于纤维延伸方向时，受到的阻力大，导热系数小。如以松木的导热系数为例，当热流垂直于木纹时，$\lambda = 0.175$ W/(m·K)；而当热流平行于木纹时，$\lambda = 0.384\ 9$ W/(m·K)。

上述各项因素，以表观密度和湿度的影响最大。

（6）气孔形态。

封闭性气孔由于空气不流通，热量不会以空气为载体流失，因而导热系数就非常低，保温隔热性能优异；而连通孔可使空气透过，形成空气的流动而带走热量，降低了保温性和隔热性，也就达不到理想的保温隔热效果。因此，为保持泡沫混凝土保温隔热的技术特点，它的气孔形态必须是封闭的、不连通的。

2.影响泡沫混凝土导温系数的主要因素

（1）材料的化学组成、结构和聚集状态。

材料的化学组成与结构不但直接影响其表观密度，而且，即使在表观密度相近的情况下,因其聚集状态不同而使导温性能也有较大差异。例如,晶体材料铝的表观密度是 2 700 kg/m³,其导温系数 $\alpha=0.309$ m²/h,玻璃材料的表观密度为 2 500 kg/m³,而其导温系数只为 $\alpha=0.001$ 3 m²/h。这是因为各类材料本身的比热容在数值上差别很小,所以,每一类材料表观密度相同时,导热系数大的材料导温系数也大。

(2)材料的表观密度。

材料的导温系数一般随材料的表观密度减小而降低。然而当材料的表观密度减小到一定程度时,其导温系数反而随表观密度的减小而增大。根据式 $\alpha=\dfrac{\lambda}{C\rho_0}$ 可知,当材料的表观密度降低到很小时,虽然导热系数也随之减小,但减小的幅度比较缓慢,而导温系数显著增大。因此,轻质保温隔热材料的热物理性能的特点就是导热系数很小,而导温系数很大。

(3)湿度。

环境湿度变化,材料的含水率也随之变化。材料的含水率变化对其导温性能的影响是复杂的。若单从空气的 $\alpha(0.077$ m²/h$)$ 和水的 $\alpha(0.005$ m²/h$)$ 看,$\alpha_{水}<\alpha_{空气}$,即材料吸湿后导温系数会减小,而实验表明,含水率的减小或增加,导温系数都存在着增大或减小的可能。这是因为导温系数取决于导热系数与体积热容量的比值,当材料的含水率增加时,导热系数与热容量都增大,但增大的速率不一样,这就决定了导温系数的变化规律。

(4)温度。

材料的导温系数随着温度的升高一般有所增大,这是因为导热系数随着温度升高的变化速度稍大于比热的变化速度所致,但影响幅度不大,一般不予考虑。

4.5.3 声学性能

除隔热保温之外,泡沫混凝土还具有吸声降噪的功能。泡沫混凝土的吸声性能是通过其内部具有的大量的微小空隙和孔洞实现的。当声波沿着微孔或间隙进入材料内部以后,激发起微孔或间隙内的空气振动(air vibration),空气与孔壁摩擦产生热传导作用,由于空气的黏滞性(viscosity)在微孔或间隙内产生相应的黏滞阻力(viscous obstruction),使振动空气的能量不断转化为热能而被消耗,声能减弱,从而达到吸声目的。泡沫混凝土多孔材料一般对中高频吸声性能较好,对低频吸声效果较差。增大厚度可以提高材料对低频的吸声能力,对高频影响不大。

4.6 与水有关的性能

4.6.1 吸湿性

吸湿性指材料在潮湿空气中吸收水分的性质,随空气湿度大小而变化,最后与空气湿度达到一种动态平衡状态,通常用鲁维士数(Lewise number)来衡量吸湿性。

$$L_e = \frac{\alpha}{Q} \tag{4.16}$$

式中　α——导温系数,m^2/h;

　　　Q——水蒸气的扩散系数,m^2/h 或 cm^2/s。

L_e 值越小的材料越不易受潮,保温隔热材料吸水后将大大降低隔热性能。

4.6.2 吸水性

1. 吸水性的概念

材料在浸水状态下吸入水分的能力为吸水性。吸水性的大小,以吸水率表示。吸水率有质量吸水率和体积吸水率。

(1)质量吸水率。

材料所吸收水分的质量占材料干燥质量的百分数,按下式计算:

$$W_质 = \frac{m_湿 - m_干}{m_干} \tag{4.17}$$

式中　$W_质$——材料的质量吸水率,%;

　　　$m_湿$——材料饱水后的质量,g;

　　　$m_干$——材料烘干到恒重的质量,g。

(2)体积吸水率。

材料吸收水分的体积占干燥自然体积的百分数,是材料体积内被水充实的程度。按下式计算:

$$W_体 = \frac{V_水}{V_1} = \frac{m_湿 - m_干}{V_1} \cdot \frac{1}{\rho_w} \times 100\% \tag{4.18}$$

式中　$W_体$——材料的体积吸水率,%;

　　　$V_水$——材料在饱水时,水的体积,cm^3;

V_1——干燥材料在自然状态下的体积,cm^3;

ρ_w——水的密度,g/cm^3。

质量吸水率与体积吸水率存在如下关系:

$$W_体 = W_质 \rho_0 \frac{1}{\rho_w} \tag{4.19}$$

材料的吸水性,不仅与材料的亲水性或憎水性有关,而且与孔隙率的大小及孔隙特征有关。一般孔隙率越大,吸水性也越强。封闭的孔隙,水分不易进入;开口的粗大孔隙,水分又不易存留,故材料的体积吸水率常小于孔隙率。

对于某些轻质材料,如加气混凝土、软木等,由于具有很多开口而微小的孔隙,所以它的质量吸水率往往超过100%,即湿质量为干质量的几倍,在这种情况下,最好用体积吸水率表示其吸水性。

水在材料中对材料性质将产生不良的影响,它使材料的表观密度和导热性增大,强度降低,体积膨胀。因此,吸水率大对材料性能是不利的。

2. 泡沫混凝土吸水性的要求

吸水率是衡量泡沫混凝土耐久性及物理性能的一项重要性能指标。

影响混凝土耐久性的各种破坏过程几乎都与水有着密切的关系,泡沫混凝土更是如此。第一,混凝土在吸水后可降低其抗冻性能,吸水越多,抗冻性越差;第二,各种有害物质可以以水为载体,侵入混凝土的内部,从内部侵蚀混凝土,使之破坏;第三,水在进入混凝土后,若外界湿度降低,它又会在蒸发作用下从混凝土中渗出,携带大量溶解其中的盐碱物质,泛指混凝土的表面,使表面碱化粉裂并泛白霜,缩短其使用寿命;第四,吸水后混凝土强度下降,保温性降低。

泡沫混凝土内部气孔多,气泡若是连通型的,就更容易吸水。劣质泡沫混凝土的吸水率可达30%以上。但若气孔是封闭型的,就不吸水或吸水率很低。要求泡沫混凝土完全不吸水是不现实的,也没有必要。若其表面一点也不吸水,粉刷时就会使砂浆难以和基层结合。所以,结合实际需要和泡沫混凝土的特点,其吸水率可控制在10%～25%之间。若是保温使用,则吸水率可控制得更低一些,在5%～10%之间即可。

4.6.3 耐水性

材料长期在饱和水作用下不破坏,其强变也不显著降低的性质称为耐水性。材料的耐水性用软化系数表示,可按下式计算:

$$K_{软} = \frac{f_{饱}}{f_{干}} \qquad (4.20)$$

式中　$K_{软}$——材料的软化系数；

　　　$f_{饱}$——材料在饱水状态下的抗压强度，MPa；

　　　$f_{干}$——材料在干燥状态下的抗压强度，MPa。

软化系数的大小表明材料浸水后强度降低的程度，一般波动在 0 ~ 1 之间。软化系数越小，说明材料饱水后的强度降低越多，其耐水性越差。对于经常位于水中或受潮严重的重要结构物的材料，其软化系数不宜小于 0.85；受潮较轻或次要结构物的材料，其软化系数不宜小于 0.70；软化系数大于 0.80 的材料，通常可以认为是耐水的材料。

4.6.4　抗冻性

材料的抗冻性是指材料在吸水饱和状态下，能抵抗多次冻融循环作用而不破坏，同时也不严重降低强度的性质，用抗冻等级来表示。泡沫混凝土的抗冻等级是用泡沫混凝土在吸水饱和状态下，经一定次数的冻融循环作用，其强度损失率不超过 20%，其质量损失率不超过 5%，并无明显损坏和剥落时所能抵抗的最多冻融循环次数来确定的，表示符号为 F，如 F_{15}，F_{25}，F_{35}，F_{50} 等，分别表示在经受 15 次、25 次、35 次、50 次冻融循环后仍可满足使用要求。质量损失率可按下式计算：

$$M_m = \frac{M_0 - M_s}{M_0} \times 100 \qquad (4.21)$$

式中　M_m——质量损失率，%；

　　　M_0——冻融试验前试件的干质量，g；

　　　M_s——冻融试验后试件的干质量，g。

强度损失率可按下式计算：

$$f_m = \frac{f_0 - f_s}{f_0} \times 100 \qquad (4.22)$$

式中　f_m——强度损失率，%；

　　　f_0——冻融试验前试件的强度，MPa；

　　　f_s——冻融试验后试件的强度，MPa。

第5章　泡沫混凝土制品的应用

目前,泡沫混凝土的应用主要有两个方面:一是泡沫混凝土制品,是将泡沫混凝土在工厂中预先制备成砌块、板等构件,然后再运送到施工现场进行安装的泡沫混凝土产品。二是现浇泡沫混凝土,也就是在施工现场进行泡沫混凝土浆料的搅拌、浇注、养护成形的泡沫混凝土产品。

从发泡方法的应用结果来看,化学发泡在制备泡沫混凝土制品中的应用较多,也比较有优势,原因是如果在工厂中生产泡沫混凝土制品,采用化学发泡可以通过降低水灰比、添加其他功能外加剂来提高产品性能,并且化学发泡制备出的泡沫混凝土产品在孔结构和外观上也优于物理发泡。但是化学发泡在生产过程中对外界环境比较敏感,若控制不好容易出现塌模现象,因此对化学发泡进行现浇应用的难度较大;而物理发泡在现浇施工中的应用比较有优势,原因是物理发泡制备的泡沫混凝土比较适合泵送浇注,性能也比较稳定,对天气、温度等外界环境影响的敏感度低,并且浇注后可以进行刮平、打抹等后续施工,不容易出现塌陷现象等,因此目前现浇施工的泡沫混凝土大多采用物理发泡。但是这两种区分并非绝对,市场上也存在一些物理发泡制备的泡沫混凝土制品,性能也比较优越,而一些企业经过技术改进,也使化学发泡应用到现浇施工之中。

两种泡沫混凝土产品在应用中也各有其优点,比如泡沫混凝土制品由于在工厂中进行生产,原材料比较稳定,并且养护条件也比较优越,因此在相同配比的情况下,性能也优于现浇泡沫混凝土。而现浇泡沫混凝土则在施工现场进行搅拌、浇注,可以就地取材,降低了原材料的运输成本,施工工艺也比较简单,并且施工速度也是泡沫混凝土制品无法相比的。

本章内容着重讲解泡沫混凝土制品的应用,而现浇泡沫混凝土方面的内容,本书在第6章中做详细介绍。

5.1　泡沫混凝土砌块

泡沫混凝土砌块按照形式分主要有两种:一种是事先将泡沫混凝土浆料浇注到模具中,经养护、硬化成形、切割而制成的轻质多孔混凝土砌块;另一种是以混凝土空心砌块作为模具,将泡沫混凝土料浆浇注到砌块空腔中作为保温芯料,经养护、硬化成形之后,泡沫混凝土芯料与空心砌块结合形成一种具有保温功能的新型复合砌块。

以上两种泡沫混凝土砌块有一定的共同点,如:都具有自保温功能,都是以泡沫混凝土作为保温材料等,但是两种砌块也有其自身的差异,这从二者的制作方法和砌块结构就可以看出。因此,本书中为将两种泡沫混凝土砌块进行区别,将前者称为普通泡沫混凝土砌块,而后者则称为泡沫混凝土复合砌块。

5.1.1 普通泡沫混凝土砌块

普通泡沫混凝土砌块(图5.1)是泡沫混凝土在墙体材料中应用量较大的一种材料。在我国南方地区,一般用密度等级为 900～1 200 kg/m³ 的泡沫混凝土砌块作为框架结构的填充墙。

图 5.1 普通泡沫混凝土砌块

目前,我国关于普通泡沫混凝土砌块的标准有建材行业标准《泡沫混凝土砌块》(JC/T 1062—2007)和国家标准《蒸压泡沫混凝土砖和砌块》(GB/T 29062—2012),两个标准所规定的都是物理发泡制成的普通泡沫混凝土砌块,但是后者对养护条件进行了特殊要求,而前者未做要求。在两个标准中,普通泡沫混凝土砌块的密度等级并不重复,《泡沫混凝土砌块》(JC/T 1062—2007)中所规定的密度等级为 B03～B10,也就是密度大概在 200～1 030 kg/m³ 的普通泡沫混凝土砌块,而《蒸压泡沫混凝土砖和砌块》(GB/T 29062—2012)中规定的密度等级为 B11～B13,也就是密度大概在 1 050～1 350 kg/m³ 的普通泡沫混凝土砌块。

除密度等级外,两个标准均对相应普通泡沫混凝土砌块的抗压强度、干燥收缩值、抗冻性、导热系数、碳化系数等性能进行了规定,但在《蒸压泡沫混凝土砖和砌块》(GB/T 29062—2012)中,考虑到砌块砌筑方面的性能,因此对砌块的拉拔力和黏结性做出了相关要求,并且提供了相关的检验方法。表5.1为建材行业标准《泡沫混凝土砌块》(JC/T 1062—2007)中对普通泡沫混凝土砌块抗冻性的要求。

表5.1 普通泡沫混凝土砌块抗冻性(《泡沫混凝土砌块》JC/T 1062—2007)

使用条件	抗冻指标	质量损失率不大于/%	强度损失率不大于/%
夏热冬暖地区	F_{15}		
夏热冬冷地区	F_{25}	5	20
寒冷地区	F_{35}		
严寒地区	F_{50}		

采用普通泡沫混凝土砌块作为框架结构的填充墙,可以降低墙体的自重,并且具有一定的保温效果。但是这种泡沫混凝土砌块也存在着自身的缺点:由于泡沫混凝土的强度和导热系数均随着密度的增长而提高,因此,普通泡沫混凝土砌块的强度和保温性能很难结合统一。也就是说,如果普通泡沫混凝土砌块的密度过高,则保温性能达不到理想效果,而如果降低密度,虽然保温性能可以达到要求,但是强度也会随之降低,致使砌块无法应用。因此,国家标准《蒸压泡沫混凝土砖和砌块》(GB/T 29062—2012)对砌块的密度只规定了B11,B12和B13三个较高的等级。

以上原因使得普通泡沫混凝土砌块主要应用在我国南方地区。并且从表5.1可以得知,行业标准中对普通泡沫混凝土砌块在严寒地区使用的抗冻性要求是F_{50},这是很多保温墙体材料很难达到的一个指标,目前普通泡沫混凝土砌块在严寒地区应用较少,抗冻性难以达到指标也是重要原因。

5.1.2 泡沫混凝土复合砌块

为了解决泡沫混凝土砌块在我国寒冷和严寒地区应用的问题,一些研究人员和企业开始采用泡沫混凝土和混凝土空心砌块复合的方法,制备成泡沫混凝土复合砌块进行应用。2013年住房和城乡建设部发布了建材行业标准《自保温混凝土复合砌块》(JG/T 407—2013),对该砌块进行了如下定义:通过在骨料中加入轻质骨料和(或)在实心混凝土块孔洞中填插保温材料等工艺生产的,其所砌筑墙体具有保温功能的混凝土小型空心砌块。而在孔洞中填插的保温材料使用泡沫混凝土的混凝土空心砌块,即为泡沫混凝土复合砌块。

泡沫混凝土复合砌块克服了普通泡沫混凝土砌块强度和保温性能难以统一的难题,使得高强度等级的泡沫混凝土砌块同时也可以具备优越的保温性能,从而使泡沫混凝土砌块可以在严寒和寒冷地区进行应用。但是这种泡沫混凝土砌块也有其自身的缺点,如:泡沫混凝土复合砌块在砌筑成墙体后,会在砌块两肋和砌筑砂浆部位留下热桥,这样就会影响到墙体的保温效果,严重时还会造成冷凝结露现象。

根据行业标准《自保温混凝土复合砌块》(JG/T 407—2013),泡沫混凝土复合砌块的性能指标主要有密度、强度、当量导热系数和当量蓄热系数、质量吸水率、软化系数和抗冻性等。而该标准中对填孔用泡沫混凝土的主要性能要求见表5.2。

表5.2 填孔用泡沫混凝土主要技术指标(《自保温混凝土复合砌块》JG/T 407—2013)

序号	项目	指标
1	干密度/(kg/m³)	≤300
2	导热系数/[W/(m·K)] (平均温度25 ℃)	≤0.08
3	吸水率/%	≤25

目前在泡沫混凝土复合砌块的应用方面,我国一些省市已经出台了相关的技术规程,如山东省出台了《非承重砌块自保温体系应用技术规程》(DBJT 14—2011)和辽宁省地方标准《混凝土结构砌体填充墙技术规程》(DB21/T 1779—2009),规程中对泡沫混凝土复合砌块的材料、设计、施工等方面均做出了比较详细的规定。在《混凝土结构砌体填充墙技术规程》(DB21/T 1779—2009)中,泡沫混凝土复合砌块主要分为阶梯形保温砌块(图5.2)、芯核保温砌块(图5.3)和企口形保温砌块(图5.4)。一些研究人员和企业根据自身的研发经验以及保温砌块的特点,研发出了其他外形规格的泡沫混凝土复合砌块,这些砌块也都具有自身的优点,但是从原理上来讲,也都与以上三种砌块的其中一种属于一类。

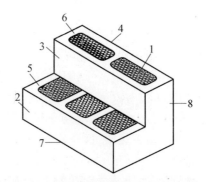

图 5.2 阶梯形保温砌块主规格外形图

1—泡沫混凝土保温材料;2——阶条面;3—二阶条面;4—条面;5——阶铺浆面;

6—二阶铺浆面;7—座浆面(肋厚较小的一面);8—顶面

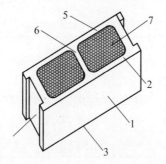

图 5.3 芯核保温砌块主规格外形图

1—条面;2—座浆面;3—铺浆面(肋厚较大的一面);4—顶面;

5—壁;6—肋;7—泡沫混凝土保温材料

1. 墙体构造要求

根据《混凝土结构砌体填充墙技术规程》(DB21/T 1779—2009)的规定,泡沫混凝土自保温砌块用作围护墙与楼梯间墙时,厚度宜为 300 mm。其墙体外皮应超出框架柱或混凝土墙外皮,超出部位(柱或混凝土墙外皮)采用高效保温材料粘贴(贴砌),而围护墙外皮超出柱或混凝土墙外皮的尺寸应根据所粘贴(贴砌)高效保温材料的热工性能计算确定,且不得小于 50 mm。

在砌块的组砌方式方面,阶梯型保温砌块砌体的里外排应顺墙分层、错缝搭砌,搭接长度不应小于 90 mm,里外排水平灰缝应错开为 100 mm,芯核保温砌块砌体的里外排应顺墙高低错位组砌,其水平灰缝和竖向灰缝均应错开100 mm,并应采用钢筋拉结。

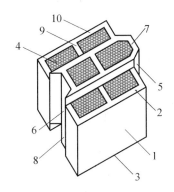

图 5.4　企口形保温砌块主规格外形图

1—条面；2—铺浆面；3—座浆面；4—泡沫混凝土保温材料；5—凸顶面；6—凹顶面；
7—上凸面；8—下凸面；9—肋；10—壁

2. 施工方法

泡沫混凝土复合砌块墙体砌筑按块材排列图进行施工，并从外墙转角处及内外墙交接处开始。砌筑皮数、灰缝厚度、块型及竖向构造变化等以皮数杆进行控制。正常情况下，墙体每日砌筑高度宜为 1.4 m 左右。

墙体转角处和纵横墙交接处同时砌筑。临时间断处砌成斜槎，斜槎水平投影长度不小于斜槎高度的 2/3。墙体砌至梁、板底时，留有一定空隙，砌筑完并应至少间隔 14 d 后，再将其补砌，补砌方法按设计要求进行。当采用斜砌顶紧方法砌筑时，其倾斜度宜为 60°。

5.2　泡沫混凝土板

泡沫混凝土板多采用化学发泡方法生产，因此也称复合发泡水泥板，是以水泥、粉煤灰、硅灰等为主要材料，经发泡、养护、切割等工艺制成的闭孔轻质复合发泡水泥板。

目前，泡沫混凝土板主要应用有泡沫混凝土板外墙外保温系统、泡沫混凝土板防火隔离带和泡沫混凝土板隔墙系统等，我国已经有一些城市出台了相关地方标准，对泡沫混凝土板进行相应系统的应用。

5.2.1　泡沫混凝土板外墙外保温系统

泡沫混凝土板（图 5.5）（复合发泡水泥板）外墙外保温系统是以复合发泡水泥板为保温隔热层材料，由黏结层、保温隔热层、抹面层和饰面层构成的建筑外墙外保温隔热系统。

图 5.5　复合发泡水泥板

　　复合发泡水泥板在外墙外保温系统应用方面,江苏省于 2011 年出台了相应的技术规程:《复合发泡水泥板外墙外保温系统应用技术规程》(苏 JG/T 041—2011),为泡沫混凝土板在外墙外保温系统中的应用提供了设计、施工和验收依据。规程中对复合发泡水泥板及其外墙外保温系统的性能要求分别见表 5.3 和表 5.4。

表 5.3　发泡水泥板的性能指标

项目	单位	性能指标		试验方法
		I 型	II 型	
干密度	kg/m³	≤300	≤250	GB/T 5486
导热系数	W/(m·K)	≤0.08	≤0.06	GB/T 10294
抗压强度	MPa	≥0.50	≥0.40	GB/T 5486
抗拉强度	MPa	≥0.13	≥0.13	JGJ 144
吸水率(V/V)	%	≤10.0	≤10.0	附录 A
干燥收缩值	mm/m	≤0.80	≤0.80	GB/T 11969 快速法
碳化系数	—	≥0.80	≥0.80	GB/T 11969
软化系数	—	≥0.80	≥0.80	JGJ 51

表5.4 复合发泡水泥板外墙外保温系统的性能指标

项目	性能指标	试验方法
耐候性	表面无裂纹、空鼓、起泡、剥落现象,抹面层与保温层拉伸强度≥0.1 MPa	JGJ 144 附录 A.2
抗风压	不小于工程项目的风荷载设计值	JGJ 144 附录 A.3
吸水量(1 h)	系统在水中浸泡1 h后的吸水量≤1.0 kg/m²	JGJ 144 附录 A.6
抗冲击强度	建筑物首层墙面以及门窗口等易受碰撞部位:10J 级;建筑物二层以上墙面等不易受碰撞部位:3J 级	JGJ 144 附录 A.5
耐冻融	30次冻融循环后,系统无空鼓、脱落,无渗水裂缝;拉伸黏结强度≥0.1 MPa	JGJ 144 附录 A.4
水蒸气渗透阻	符合设计要求,且≥0.85 g/(m²·h)	JGJ 144 附录 A.11
抹面层	不透水性 (2 h 不透水)	JGJ 144 附录 A.10
热 阻	符合设计要求	

1. 系统构造

本系统用于外墙外保温的基本构造应符合表5.5、5.6的要求。基层墙体可以是各种砌体或混凝土墙。饰面层可采用涂料,也可干挂石材。

表5.5 外墙外保温系统基本构造

饰面材料	保温系统构造		构造示意图
涂料	基层①	混凝土墙及各种砌体墙	基层① 界面层② 找平层③ 黏结层④ 保温层⑤ 抹面层⑥ 饰面层⑦
	界面层②	界面砂浆(设计需要时使用)	
	找平层③	防水砂浆(设计需要时使用)	
	黏结层④	黏结砂浆	
	保温层⑤	发泡水泥板	
	抹面层⑥	抹面砂浆+网布+锚固件	
	饰面层⑦	柔性耐水泥子+涂料	

表 5.6　非透明幕墙保温系统构造

饰面材料	保温系统构造		构造示意图
涂料	基层①	混凝土墙及各种砌体墙	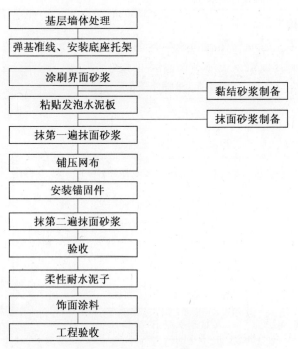
	界面层②	界面砂浆(设计需要时使用)	
	找平层③	防水砂浆(设计需要时使用)	
	黏结层④	黏结砂浆	
	保温层⑤	发泡水泥板	
	抹面层⑥	抹面砂浆+网布+锚固件	
	饰面层⑦	石材、铝板等+幕墙龙骨(主龙骨、副龙骨)	

2. 施工工艺

复合发泡水泥板外墙外保温系统的施工工艺流程按照图 5.6 的要求进行。

图 5.6　复合发泡水泥板外墙外保温系统施工工艺流程

首先挂基准线,以控制发泡水泥板的垂直度和水平度。黏结砂浆和抹面砂浆均为单组分材料,水灰比应按材料供应商产品说明书配制,用砂浆搅拌机搅拌均匀。发泡水泥板与基层墙体粘贴采用满贴法粘贴,粘贴时用铁抹子在每块发泡水泥板上均匀批刮一层厚不小于 3 mm 的黏结砂浆,粘贴面积应大于 95%,及时粘贴并挤压到基层上。

发泡水泥板在墙面转角处,应先排好尺寸,裁切发泡水泥板,使其垂直交错连接,并保证墙角垂直度。发泡水泥板错缝及转角铺贴如图 5.7 所示。

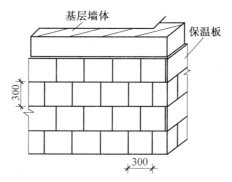

图 5.7　发泡水泥板错缝及转角示意图

在粘贴窗框四周的阳角和外墙角时,先弹出垂直基准线,作为控制阳角上下竖直的依据,门窗洞口四角部位的发泡水泥板应采用整块发泡水泥板裁成"L"形进行铺贴,不得拼接。如图 5.8 所示。

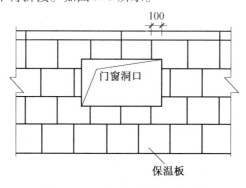

图 5.8　门窗洞口排板示意图

发泡水泥板大面积铺贴结束后,视气候条件 24~48 h 后,进行抹面砂浆的施工。施工前用靠尺在发泡水泥板平面上检查平整度,对凸出的部位应刮平并清理发泡水泥板表面碎屑后,再进行抹面砂浆的施工。

用铁抹子将抹面砂浆粉刷到发泡水泥板上,先用大杠刮平,再用塑料抹子搓平,随即用铁抹子将事先剪好的网布压入抹面砂浆表面,铺设要平整无褶皱,阴阳角网布做法如图5.9所示。

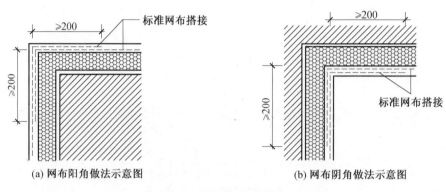

(a) 网布阳角做法示意图　　　　　　(b) 网布阴角做法示意图

图5.9　阴阳角网布做法

锚固件锚固应在第一遍抹面砂浆(并压入网布)初凝时进行,使用电钻在发泡水泥板的角缝处打孔,将锚固件插入孔中并将塑料圆盘的平面拧压到抹面砂浆中,锚栓固定后抹第二遍抹面砂浆。

5.2.2　泡沫混凝土板防火隔离带

防火隔离带是设置在可燃、难燃保温材料外墙外保温工程中,按水平方向分布,采用不燃保温材料制成、以阻止火灾沿外墙面或在外墙外保温系统内蔓延的防火构造。

泡沫混凝土板(发泡水泥板)在防火隔离带中的应用方面,住房和城乡建设部于2012年发布了建工行业建设标准《建筑外墙外保温防火隔离带技术规程》(JGJ 289—2012),辽宁省也发布了《建筑外保温防火隔离带技术规范》(DB 2101/TJ 06—2011)和《建筑外保温防火隔离带技术规》(DB 21/T 2124—2013),为泡沫混凝土板在防火隔离带中的应用提供了设计、施工和验收依据。

根据行业标准《建筑外墙外保温防火隔离带技术规程》(JGJ 289—2012)中的规定,泡沫混凝土板防火隔离带的做法应符合表5.7的要求。

表 5.7 泡沫混凝土板防火隔离带做法

泡沫混凝土防火隔离带保温板宽度	外墙外保温系统保温材料及厚度	系统抹面层平均厚度
≥300 mm	EPS 板,厚度≤120 mm	≥4.0 mm

1. 性能要求

泡沫混凝土板防火隔离带的耐候性及其他性能指标应符合表 5.8 和表 5.9 的要求。

表 5.8 泡沫混凝土板防火隔离带耐候性能指标

项目	性能指标
外观	无裂缝、无粉化、空鼓、剥落现象
抗风压性	无断裂、分层、脱开、拉出现象
防护层与保温层拉伸黏结强度/kPa	≥80

表 5.9 泡沫混凝土板防火隔离带其他性能指标

项目		单位	性能指标
抗冲击性		—	二层及以上部位 3.0J 级冲击合格; 首层部位 10.0J 级冲击合格
吸水量		(g/m²)	≤500
耐冻融	外观	—	无可见裂缝、无粉化、空鼓、剥落现象
	拉伸黏结强度	kPa	≥80
水蒸气透过湿流密度		g/(m²·h)	≥0.85

泡沫混凝土防火隔离带保温板的主要性能指标应满足表 5.10 的要求。

表 5.10 泡沫混凝土防火隔离带保温板主要性能指标

项目		单位	性能指标
密度		kg/m³	≤250
导热系数		W/(m·K)	≤0.070
垂直于表面的抗压强度		kPa	≥80
体积吸水率		%	≤10
软化系数		—	≥0.8
匀温灼烧性能 (750 ℃,0.5 h)	线收缩率	%	≤8
	质量损失率	%	≤25
燃烧性能		—	A

2. 系统构造

泡沫混凝土板防火隔离带的基本构造与外墙外保温系统相同,并包括胶黏剂、泡沫混凝土防火隔离带保温板、锚栓、抹面胶浆、玻璃纤维网格布、饰面层等,如图 5.10 所示。

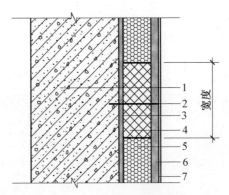

图 5.10　泡沫混凝土板防火隔离带基本构造

1—基层墙体;2—锚栓;3—胶黏剂;4—泡沫混凝土防火隔离带保温板;

5—外保温系统保温材料;6—抹面胶浆+玻璃纤维网格布;7—饰面材料

当防火隔离带在门窗洞口上沿,且门窗框外表面缩进基层墙体外表面时,门窗洞口顶部外露部分设置防火隔离带,且防火隔离带保温板宽度不小于300 mm(图 5.11)。

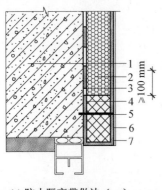

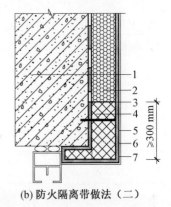

(a) 防火隔离带做法（一）　　　　　　　(b) 防火隔离带做法（二）

图 5.11　防火隔离带做法

1—基层墙体;2—锚栓;3—胶黏剂;4—泡沫混凝土防火隔离带保温板;

5—外保温系统保温材料;6—抹面胶浆+玻璃纤维网格布;7—饰面材料

严寒、寒冷地区的建筑外墙保温采用泡沫混凝土板防火隔离带时,防火隔离带热阻不小于外墙外保温系统热阻的 50% ;夏热冬冷地区的建筑外墙外保温采用泡沫混凝土板防火隔离带时,防火隔离带热阻不得小于外墙外保温系统热阻的 40% 。

3. 施工方法

泡沫混凝土板防火隔离带的施工按照设计要求和施工方案进行,将泡沫混凝土防火隔离带保温板与外墙外保温系统保温板之间进行严密拼接,宽度超过 2 mm 的缝隙采用外墙外保温系统用保温材料填塞。

在门窗洞口,先做洞口周边的保温层,再做大面保温板和防火隔离带,最后做抹面胶浆抹面层,抹面层连续施工,并完全覆盖隔离带和保温层,门窗角处也进行连续施工,不留槎。

总之,泡沫混凝土板防火隔离带的施工组织设计应纳入外墙外保温工程的施工组织设计中,并与外墙外保温工程同步施工。

5.2.3　泡沫混凝土板屋面保温系统

泡沫混凝土板屋面保温系统是采用泡沫混凝土板(复合发泡水泥板)为主要保温隔热层材料,按照建筑节能设计标准进行保温隔热施工、监理等各项技术工作及完成的工程实体。2011 年辽宁省丹东市出台了地方建设标准《复合发泡水泥板屋面保温隔热系统应用技术规程》(丹 JG/T 0002—2011),为泡沫混凝土板在屋面保温系统中的应用提供了设计、施工和验收依据。

标准中对复合发泡水泥板的技术性能要求和复合发泡水泥板屋面保温隔热系统性能指标分别见表 5.11 和表 5.12。

表 5.11　复合发泡水泥板的性能指标

项目	单位	性能指标		试验方法
		I 型	II 型	
干密度	kg/m³	≤300	≤250	GB/T 5486
导热系数	W/(m·K)	≤0.07	≤0.06	GB/T 10294
抗压强度	MPa	≥0.50	≥0.40	GB/T 5486
拉伸黏结强度	MPa	≥0.13		JGJ 144
吸水率(V/V)	%	≤10.0		本规程附录 A
干燥收缩值	mm/m	≤0.80		GB/T 11969 快速法

续表 5.11

项目		单位	性能指标		试验方法
			I 型	II 型	
碳化系数		—	≥0.80		GB/T 11969
软化系数		—	≥0.80		JGJ 51
燃烧性能			A1		GB 8624
抗冻性 (15 次)	质量损失	%	≤5		GB/T 11969
	强度损失	%	≤25		

表 5.12　复合发泡水泥板屋面保温隔热系统性能指标

项目	性能指标	试验方法
耐候性	表面无裂纹、空鼓、起泡、剥落现象,抹面层与保温层拉伸强度≥0.13 MPa	JGJ 144　附录 A.2
抗风压	不小于工程项目的风荷载设计值	JGJ 144　附录 A.3
吸水量(1 h)	系统在水中浸泡 1 h 后的吸水量≤1.0 kg/m²	JGJ 144　附录 A.6
抗冲击强度	3J 级	JGJ 144　附录 A.5
耐冻融	30 次冻融循环后,系统无空鼓、脱落,无渗水裂缝;拉伸黏结强度≥0.10 MPa	JGJ 144　附录 A.4
水蒸气渗透阻	符合设计要求,且≥0.85 g/(m² · h)	JGJ 144　附录 A.11
抹面层不透水性	2 h 不透水	JGJ 144 附录 A.10
热阻	符合设计要求	

1. 系统构造

复合发泡水泥板普通屋面构造示意如图 5.12 所示。

复合发泡水泥板坡屋面保温层设置在防水层上,采用专用砂浆粘贴,并且在保温层上设防裂防护层。采用有自防水功能的瓦材时,复合发泡水泥板设置在防水层下,并用专用砂浆粘贴牢固。坡度大于 45% 的屋面,檐口端部设挡台构造。其构造示意图如 5.13 所示。

复合发泡水泥板架空屋面(预制纤维水泥板凳)的坡度一般不大于 5%,复合发泡水泥板的厚度按照屋面宽度或坡度大小确定,一般以 150~250 mm 为宜,架空层不代替保温层。其构造示意图如 5.14 所示。

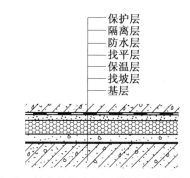

图 5.12　复合发泡水泥板普通屋面构造示意图

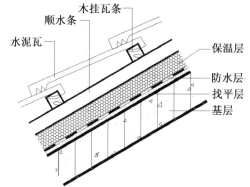

图 5.13　复合发泡水泥板坡屋面构造示意图

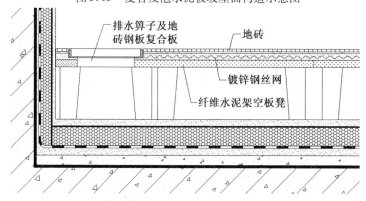

图 5.14　复合发泡水泥板架空屋面(预制纤维水泥板凳)构造示意图

复合发泡水泥板种植屋面宜为平屋面,并采取冬季防冻胀保护措施,四周设置足够高的实体防护墙和一定高度的内挑防护栏杆。抗裂防水层在铺设玻纤网格布后用防水砂浆涂抹。其构造示意图如 5.15 所示。

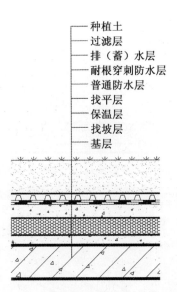

种植土
过滤层
排（蓄）水层
耐根穿刺防水层
普通防水层
找平层
保温层
找坡层
基层

图 5.15　复合发泡水泥板种植屋面构造示意

2.施工方法

泡沫混凝土板屋面保温系统的施工工艺流程:基层处理—保温层铺设—质量验收。

首先将钢筋混凝土屋面的灰浆、杂物清理干净,若基层干燥,则可直接将复合发泡水泥板直接铺在基层上,紧靠需保温的基层表面,逐行铺设、铺平、垫稳,缝对齐,相邻两行的复合发泡水泥板接缝错开,厚度一致,分层铺设,上下两层复合发泡水泥板的接缝错开。

铺设时,采用黏结砂浆将复合发泡水泥板平粘在屋面基层上,粘严、粘平,块与块的缝间或缺棱掉角处用复合发泡水泥颗粒材料加黏结材料搅拌均匀后填补严密。

之后进行网布及抗裂砂浆施工,先用铁抹子将抗裂砂浆粉刷到发泡水泥板上,厚度控制在 3～5 mm,用大杠刮平,再用塑料抹子搓平,随即用铁抹子将事先剪好的网布压入抹面砂浆表面,网布平面之间的搭接宽度不小于 50 mm。在洞口和阴角处沿 45° 方向增贴一道 300 mm×400 mm 网布。首层墙面采用三道抹灰法施工,第一道抗裂砂浆施工后压入网布,待其稍干硬,进行第二道抹灰施工后压入加强型网布,第三道抹灰将网布完全覆盖。

5.2.4 泡沫混凝土板隔墙系统

2014年辽宁省出台地方标准《泡沫混凝土板隔墙系统技术规程》(DB 21/T 2353—2014),采用泡沫混凝土板在工地经砌筑、双面铺设耐碱玻璃纤维网格布和刮抹胶泥,并与主体结构形成连接后形成的内隔墙,即泡沫混凝土板隔墙系统。标准中对复合发泡水泥板的技术性能要求和复合发泡水泥板内隔墙系统性能指标分别见表5.13和表5.14。

表5.13 泡沫混凝土板的性能指标

项目	单位	性能指标	试验方法
干表观密度	kg/m^3	300±20	GB/T 5486
导热系数	W/(m·K)	≤0.08	GB/T 10294
抗压强度	MPa	≥0.60	GB/T 5486
吸水率(V/V)	%	≤12	本规程附录D
干燥收缩值	mm/m	≤0.80	GB/T 11969 快速法
碳化系数	—	≥0.85	GB/T 11969
软化系数	—	≥0.85	JGJ51
燃烧性能	—	A	GB8624

表5.14 泡沫混凝土板内隔墙系统性能指标

序号	项目		指标				试验方法
			90 mm	120 mm	150 mm	200 mm	
1	抗冲击性能(30 kg,0.5 m落差)		经5次冲击后,板面无裂纹				
2	吊挂力(荷载1 000 N静置24 h)		板面没有大于0.5 mm的裂缝				
3	抗折破坏荷载/N		≥2 000	≥2 800	≥3 500	≥4 800	GB/T 19631
4	抗折破坏荷载保留率/%		≥70				
5	面密度/(kg·m⁻²)		50	60	70	90	
6	空气声计权隔声量/dB		35	40		45	GB/T 19889
7	耐火极限/h		≥1	≥3			GB/T 9978
8	放射性比活度	I_{Ra}	≤1.0				GB 6566
		I_γ	≤1.0				
9	含水率/%	采暖地区	≤10				GB/T 19631
		非采暖地区	≤15				

1. 系统构造

泡沫混凝土板隔墙系统与主体结构连接应按图 5.16 设置。

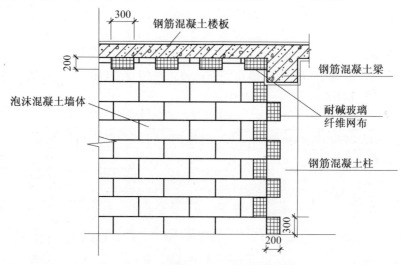

图 5.16　隔墙系统与主体结构连接示意

复合过梁、复合窗台梁和边框应按图 5.17 设置,超宽门窗洞口应按图 5.18设置。

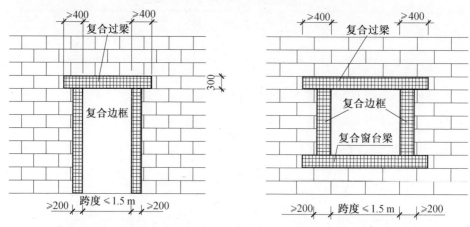

图 5.17　复合过梁、复合窗台梁和边框示意(跨度 $L \leqslant 1.5$ m)

墙顶与梁宜有拉结。当泡沫混凝土板隔墙系统长度超过 6.0 m 或层高 2 倍时,应设置复合构造柱。复合构造柱间距不宜超过 6 m,复合构造柱两端应与主体结构形成可靠连接。复合构造柱应采用加强型的耐碱玻璃纤维网格

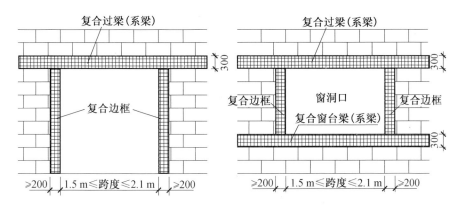

图 5.18 超宽门窗洞口复合过梁、复合窗台梁和边框示意(跨度 $L>1.5$ m)

布或双层标准型耐碱玻璃纤维网格布,胶泥厚度不宜超过 5 mm。其构造如图 5.19 所示。

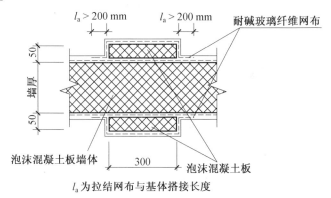

l_a 为拉结网布与基体搭接长度

图 5.19 复合构造柱断面示意

门窗洞口应设置复合过梁、复合窗台梁和复合边框。复合过梁、复合窗台梁和复合系梁的耐碱玻璃纤维网格布应采用加强型或双层标准型,胶泥厚度不宜超过 5 mm,其构造如图 5.20 所示。复合边框其构造如图 5.21 所示。

2. 施工工艺

(1)粘砌施工。

粘砌第一层板下应用 1∶3 水泥砂浆找平,泡沫混凝土板应上下错缝搭接,搭接长度不应小于泡沫混凝土板长度的 1/3,泡沫混凝土板的长度方向应与墙体方向平行一致。墙体转角、丁字墙、十字墙连接部位应上下搭接咬砌。

水平灰缝的厚度和竖直灰缝的宽度应控制在 3～5 mm 以内。

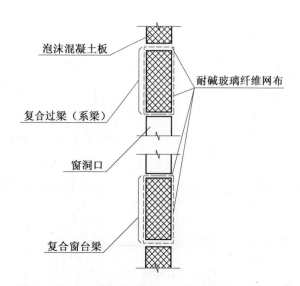

图 5.20 复合过梁、复合窗台梁和复合系梁断面示意

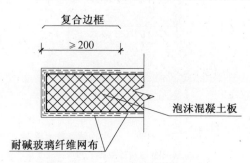

图 5.21 复合边框断面示意

粘砌时,胶泥应随铺随砌,水平灰缝宜采用铺浆法粘砌,一次铺浆长度不得超过两块泡沫混凝土板的长度,应满铺浆;竖向灰缝应采用满铺端面法,即将泡沫混凝土板端面朝上铺满胶泥再上墙挤紧。粘砌时用力向横、竖方向挤压,同时用橡皮锤敲击挤实,并及时刮去从缝中挤出的多余胶泥。

泡沫混凝土板墙体与主体结构梁、柱、墙或顶板采用柔性连接时,应采用胶泥将耐碱玻璃纤维网格布粘贴在主体结构上。拉结网格布在泡沫混凝土板上黏结锚固长度不小于 200 mm。

泡沫混凝土板墙体粘砌至梁或顶板底面时宜留置间隙,应打入楔形泡沫混凝土板顶紧,然后用胶泥嵌入缝隙。

（2）薄抹灰施工。

泡沫混凝土板大面积墙体结束后,视气候条件一般 24~48 h 后,进行薄抹灰的施工。施工前用 2 m 靠尺在泡沫混凝土板平面上检查平整度,对凸出的部位应刮平并清理泡沫混凝土板表面碎屑浮尘后,方可进行薄抹灰的施工。

用铁抹子将抗裂胶泥粉刷到泡沫混凝土板上,厚度为 2~3 mm,用铁抹子抹平,随即用铁抹子将事先剪好的网格布压入胶泥表面,然后在网格布上再抹 2~3 mm 厚胶泥,用铁抹子抹平。面层完成后厚度宜大于 5 mm。

网格布平面之间的搭接宽度不应小于 100 mm,阴阳角处的搭接不应小于 200 mm,铺设要平整无褶皱,阴阳角网格布做法如图 5.22 所示。

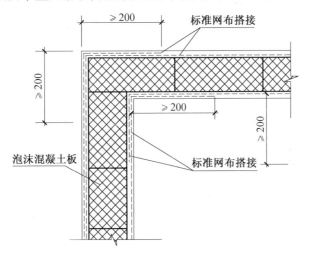

图 5.22　网格布阴、阳角做法示意

5.2.5　泡沫混凝土复合板

泡沫混凝土复合板(发泡水泥复合板)是由钢边框或预应力混凝土边框、钢筋桁架、泡沫混凝土(发泡水泥)芯材、上下水泥面层(含玻纤网)复合而成的具有承重、保温隔热、隔声、耐火等功能的建筑板材。泡沫混凝土复合板产品主要有网架屋面板、大型屋面板和大型墙板几种。

在泡沫混凝土复合板的应用方面,建设部于 2002 年批准发布了国家建筑标准设计图集《发泡水泥复合板》(02ZG710),为泡沫混凝土复合板产品提供了设计依据。该图集中对泡沫混凝土的性能要求见表 5.15。

表 5.15 发泡水泥复合板中泡沫混凝土的性能指标

项目	单位	性能指标
密度	kg/m³	250~350
导热系数	W/(m·K)	0.07~0.085
抗压强度	N/mm²	1.0~1.4
吸水率(V/V)	%	20
弹性模量	N/mm²	$0.9~1.1×10^3$

泡沫混凝土复合板(发泡水泥复合板)构造如图 5.23 所示。

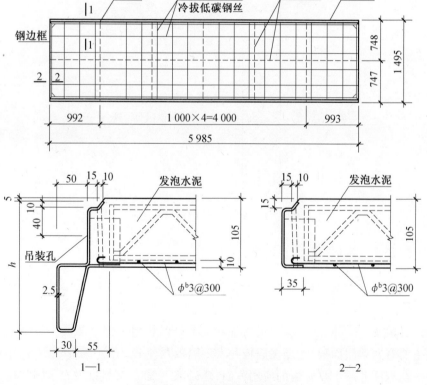

图 5.23 发泡水泥复合板构造

1. 系统构造

发泡水泥复合板上所有洞口均在板制作时预留,大型墙板可直接与柱(梁)螺栓连接或焊接。发泡水泥复合板屋面坡度不宜小于2%,并且屋面均可设钢天沟或钢筋混凝土天沟,屋面板兼作天沟板时,板面按0.5%纵向找坡。屋面天沟构造如图5.24、5.25所示。

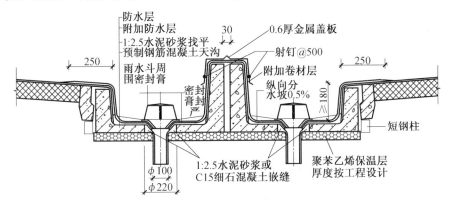

图 5.24 发泡水泥复合板屋面双天沟构造

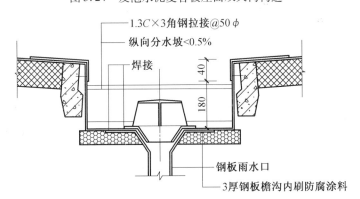

图 5.25 发泡水泥复合板屋面单天沟构造

2. 施工及验收要求

发泡水泥复合板运至施工现场后,采用专用吊具作业,安装时,每次不得超过两块。安装后,将板与其支承构件焊接,当为钢边框时,焊缝长度沿板纵向不小于60 mm满焊,焊缝焊脚尺寸为3 mm;当为应力混凝土边框时,焊缝长度不小于65 mm满焊,焊缝焊脚尺寸为6 mm。每块板与屋架、天窗架、网架等的焊接不少于三点,在房屋端部和伸缩缝处当板外挑时,可焊两点。

需要注意的是：发泡水泥复合板屋面不宜作为土建施工作业面，即不宜在屋面上搭设脚手架，必要时，应采取相应的保护措施。

发泡水泥复合板屋面檐口等构造详见 02ZG710。

第6章 现浇泡沫混凝土的应用

6.1 现浇泡沫混凝土墙体

现浇泡沫混凝土墙体是近些年新出现的泡沫混凝土应用形式,目前出现的现浇泡沫混凝土墙体有:钢筋网架板片墙体、现浇轻钢面板夹心墙、砌体外保温夹心墙、现浇空心砌块自保温墙体等。

现浇泡沫混凝土墙体的整体性好,施工简便,劳动强度低,造价低。并且具有轻质、保温隔热、防水防渗等优点,是传统墙体较理想的一种替代产品。

6.1.1 钢筋网架板片墙体

钢筋网架板片墙体是在施工现场支模,泡沫混凝土经现场发泡、现场浇筑用作建筑物的自承重墙体。这种做法改变了目前常用预制砌块砌筑墙体的方法,我国河南省于2009年出台的工程建设标准《现浇泡沫混凝土墙体技术规程》(DBJ 41/T091—2009)即属于该种墙体,标准的出台为钢筋网架板片墙体的应用提供了设计、施工、验收依据。

1. 材料性能

根据标准《现浇泡沫混凝土墙体技术规程》(DBJ 41/T 091—2009)中的规定,钢筋网架板片墙体中泡沫混凝土的性能指标见表6.1。

表6.1 钢筋网架板片墙体中泡沫混凝土性能指标

干密度级别		单位		B07	B08	B09	B10	B11	B12
干密度		kg/m³	≤	700	800	900	1 000	1 100	1 200
抗压强度		MPa	≥	3.0	3.5	4.0	4.5	6.0	7.0
吸水率		%	≤	22	21	20	15	14	13
抗冻性	质量损失	%	≤	5.0					
	冻后强度	MPa	≥	2.4	2.8	3.2	3.6	4.8	5.6
导热系数		W/(m·K)	≤	0.14	0.16	0.18	0.19	0.21	0.23
蓄热系数		W/(m²·K)	≥	3.59					

2. 墙体构造

钢筋网架板片墙体应与主体结构构件(柱、梁或剪力墙)有可靠的连接措施,结构构件可预留拉结筋或后植入钢筋锚入泡沫混凝土墙体内,并与墙内钢筋绑扎,如图6.1所示。

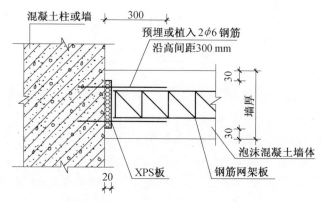

图 6.1　钢筋网架板片墙体与结构构件柔性连接示意图

钢筋网架板片墙体作为单一材料用作外墙时,考虑围护结构节能保温和防止热桥效应,泡沫混凝土与结构构件交接处结构构件外表面保温隔热可采取图6.2~6.5所示构造措施。

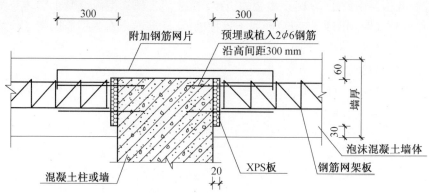

图 6.2　钢筋网架板片墙体与交接处保温构造

3. 施工工艺

首先根据墙体形式、荷载大小、地基土类别、施工设备和材料供应等条件对模板及其支架进行设计。模板经过验收合格后,开始钢筋安装,之后进行泡沫混凝土的浇筑。

泡沫混凝土运输、浇筑及间歇的全部时间不超过其初凝时间,同一施工段

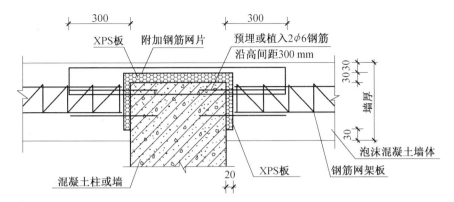

图 6.3 钢筋网架板片墙体与柱交接处附加 XPS 保温构造

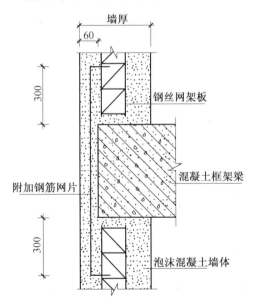

图 6.4 钢筋网架板片墙体与梁交接处保温构造

墙体的泡沫混凝土连续浇筑。泡沫混凝土浇筑完毕后,按照施工技术方案及时采取有效的养护措施。墙体浇筑 25 d 后即可进行饰面层施工。

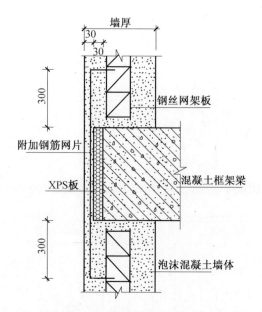

图6.5　钢筋网架板片墙体与梁交接处附加保温构造

6.1.2　现浇轻钢面板夹心墙

现浇轻钢面板夹心墙是在工厂制作夹芯隔墙的龙骨、面板和支撑卡等部位以及连接件,在施工现场装配成墙体骨架,并将轻质材料充填于墙体骨架空腔内的复合墙体。如图6.6所示。

图6.6　安装中的装配式夹心隔墙

泡沫混凝土非常适合用于装配式夹心隔墙的芯材。一方面,泡沫混凝土为多孔结构,具有高效的保温隔热、吸声的作用;另一方面,泡沫混凝土容重轻,采用泡沫混凝土作为墙体可以提高建筑物构件的承载能力和抗震能力。因此,作为墙体材料,泡沫混凝土比普通砖墙更具优势。

在现浇轻钢面板夹心墙的应用方面,沈阳市出台了地方规范《装配式夹芯隔墙技术规范》(DB2 101T J 08—2012),为该墙体的应用提供了设计、施工和验收依据。

1. 材料性能

根据规范《装配式夹芯隔墙技术规范》(DB 2101TJ 08—2012),现浇轻钢面板夹心墙中泡沫混凝土拌和物的性能指标见表6.2。

表6.2　泡沫混凝土拌和物的性能指标

项目	单位	指标
湿密度	kg/m^3	300~450
保水率	%	≥90
坍落度	mm	≥180
坍落扩展度	mm	≥400
流动度	mm	≥500
可操作时间	h	2~4

硬化泡沫混凝土的性能应符合表6.3的要求。

表6.3　硬化泡沫混凝土的性能指标

项目	单位	指标
干密度	kg/m^3	200~350
导热系数	$W/(m \cdot K)$	≤0.06
抗压强度 7 d	MPa	≥0.20
28 d		≥0.25
黏结拉伸强度	MPa	≥0.10
软化系数	—	≥0.50
体积吸水率	%	≤10
体积稳定性	—	合格
蒸汽渗透系数	$ng/(Pa \cdot m \cdot s)$	60~70

2. 墙体构造

现浇轻钢面板夹心墙主要由天龙骨、竖龙骨、地龙骨、面板、泡沫混凝土组成,其中竖龙骨与天地龙骨之间的连接如图6.7所示。

每根竖龙骨设注浆流动孔,龙骨上的注浆孔间距为400 mm,如图6.8所示。

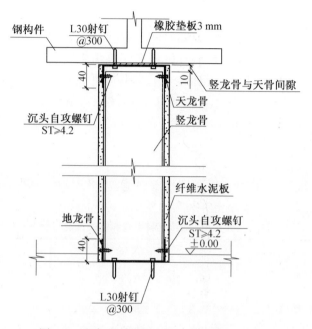

图 6.7　竖龙骨与天地龙骨连接示意图

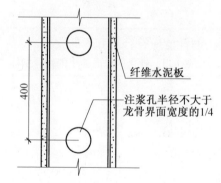

图 6.8　竖龙骨注浆流动孔示意图

天、地龙骨采用射钉与钢构件固定,按图 6.9、6.10 设置。

天、地龙骨两端与主体结构的竖向构件表面预留 10 mm 间隙,竖向边龙骨与主体结构的竖向构件表面间距为 100 mm,如图 6.11 所示。

洞口上下设附加水平龙骨,附加水平龙骨的开口背向洞口,当洞口宽度大于 600 mm,当门、窗质量≤25 kg 时,可在门窗洞口边的龙骨内设置通长防腐木方;当门、窗质量≥25 kg 时,门窗洞口边采用矩形方钢管(图 6.12)。

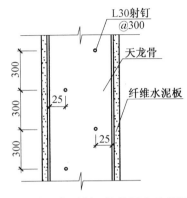

图 6.9 天龙骨与混凝土构件固定示意图

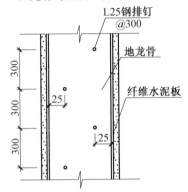

图 6.10 地龙骨与混凝土构件固定示意图

3. 施工工艺

首先按面板排列图裁制面板,并且按设计要求切割预留洞口(包括开关盒、接线盒、插座)和清扫孔、浆料注浆孔。注浆孔设在面板顶部,板面梅花形布置。

然后按上横龙骨—下横龙骨—边竖龙骨—中竖龙骨—特殊部位龙骨的顺序进行龙骨安装。竖龙骨端部安装在上、下横龙骨内,边竖龙骨与主体结构衔接处预留约 100 mm 的间距。

龙骨安装完毕后进行面板安装,面板安装可在龙骨安装及预埋管件管线完成并验收合格后进行,也可一侧面板的安装与墙内预埋管线的敷设同时进行,经验收合格后,再安装另一侧面板。

面板安装宜同一层同一柱间从柱边开始自上而下、逐板安装,并且面板的边端应支撑在竖龙骨上,面板的竖向接缝位于竖龙骨的中线上,面板采用沉头自攻螺钉固定。

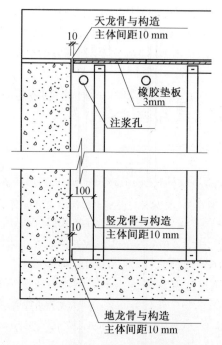

图 6.11 天、竖龙骨与结构竖向构件间隙示意图

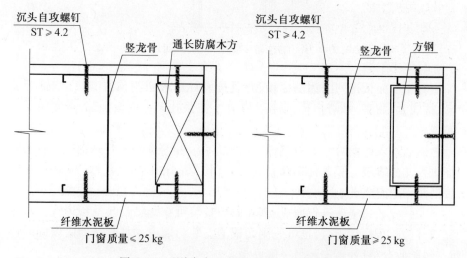

图 6.12 现浇轻钢面板夹心墙门窗洞口构造

全部安装完毕后,开始进行泡沫混凝土芯料的泵送浇筑,浇筑应从上而下,从左(右)到右(左)依次逐孔进行,并且宜分层连续浇筑,每层浇筑高度不大于1.5 m,间隙时间不少于24 h;泡沫混凝土拌和物的上表面与注浆孔下边线一致时应停止浇筑。

当浇筑完毕,泡沫混凝土终凝,面板干燥,并且门窗洞口、预埋管线等通过检查验收后,开始涂料、瓷砖等饰面施工。

6.1.3　砌体外保温夹心墙

砌体外保温夹心墙是在墙体中预留的连续空腔内填充保温隔热材料,并在墙体的内叶和外叶之间用防锈的金属拉结件连接形成的墙体。

砌体外保温夹心墙主要分为外叶墙、内叶墙和填充墙三部分。内叶墙是夹心墙体毗邻室内的叶墙,外叶墙是夹心墙体毗邻室外的叶墙,填充墙是在骨架结构房屋中承担自重并起维护或隔断作用的墙。

相对于苯板,采用泡沫混凝土作为外保温夹心墙的填充墙具有防火、施工简便等优势。辽宁省于2012年出台了地方标准《现浇发泡浆料外保温夹心墙技术规程》(DB 21/T 1991—2012),为砌体外保温夹心墙的设计、施工、验收提供了依据。

1.材料性能

地方标准《现浇发泡浆料外保温夹心墙技术规程》(DB 21/T 1991—2012)中对泡沫混凝土拌和物和硬化泡沫混凝土的性能要求分别见表6.4和表6.5。

表6.4　泡沫混凝土拌和物的性能

项目	单位	指标
湿密度	kg/m³	300～450
保水率(2 h)	%	≥90
坍落度	mm	≥200
坍落扩展度	mm	≥400

表6.5　硬化泡沫混凝土的性能

项目		单位	指标
干密度		kg/m³	200～350
导热系数		W/(m·K)	≤0.06
抗压强度	7 d	MPa	≥0.15
	28 d		≥0.20

续表6.5

项目	单位	指标
黏结拉伸强度	MPa	≥0.08
软化系数	—	≥0.50
质量含水率	%	≤10
尺寸稳定性	—	合格
蒸汽渗透系数	ng/(Pa·m·s)	60~70

2.墙体构造

现浇泡沫混凝土外保温夹心墙多层房屋的外叶墙以基础(基础梁)顶面、每层标高楼板处设水平挑板横向支撑;框架、框架剪力墙房屋的现浇泡沫混凝土外保温夹心墙的外叶墙应以基础(基础拉梁)顶面,每层框架梁为横向支撑;剪力墙房屋的现浇泡沫混凝土外保温夹心墙的外叶墙以基础(基础梁)顶面、每层标高处的楼板为横向支撑。

当外叶墙的长度大于40 m(非烧结类块材)、50 m(烧结类块材)时,外叶墙上应设20 mm宽竖向控制缝,控制缝宜设在有框架柱、构造柱的部位,缝内用弹性密封材料填塞。控制缝的构造如图6.13所示。

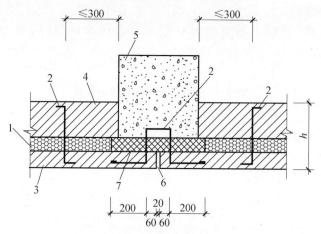

图6.13 控制缝的构造

1—保温层;2—拉结件;3—外叶墙;4—内叶墙;

5—框架柱或构造柱;6—弹性密封材料;7—预制保温块

框架柱、构造柱、抱框柱与外叶墙之间应设拉结件连接,沿柱高每400 mm

（非烧结类块材）或 500 mm（烧结类块材）设置直径为 4 mm 的"U"形拉结件（图 6.14）。

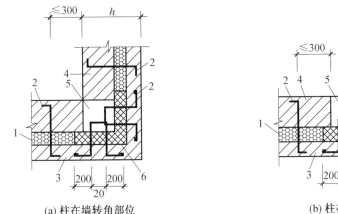

(a) 柱在墙转角部位　　　　　　　(b) 柱在墙体中部

图 6.14　框架柱、构造柱与外叶墙连接构造

1—保温层；2—拉结件；3—外叶墙；4—内叶墙；

5—构造柱或框架柱；6—预制保温块

夹心墙在门窗洞口处的构造应符合下列要求：

①在洞口边的空腔范围内应沿洞高设置预制保温块，其宽度不宜小于 40 mm，厚度宜与空腔厚度相同。当门窗洞口处的内叶墙设有构造柱或抱框柱时，保温块的宽度不应小于柱截面尺寸。

②沿竖向的洞高范围内应设 Ⅱ 型拉结件，拉结件的间距不大于 400 mm（非烧结类块材）或 500 mm（烧结类块材）（图 6.15）。

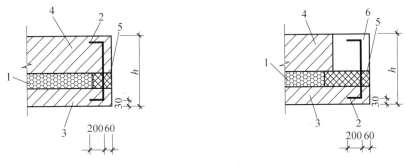

图 6.15　门窗洞口边构造

1—保温层；2—拉结件；3—外叶墙；4—内叶墙；

5—预制保温块；6—构造柱或抱框柱

楼梯间墙体槽口的背面,应在混凝土边框施工前按图6.16设置预制保温块。

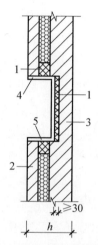

图6.16　表箱背面保温构造
1—预制保温块;2—外叶墙;3—内叶墙;4—混凝土框;5—注浆孔

3.施工工艺

施工砌块夹心墙前,首先按施工图绘制砌块平、立面排列图。

夹心墙砌筑时,外叶墙和内叶墙同步砌筑,并按外叶墙—内叶墙—拉结件的顺序连续施工,砌筑外叶墙时应在外侧挂线,砌筑内叶墙时应在内侧挂线。内叶墙与非承重墙同时咬槎砌筑,并应按设计要求沿墙高设置拉结钢筋,然后在夹心墙的圈梁或框架梁梁耳上设置注浆孔。

当砌筑砂浆强度等级达到设计要求时,并已经封堵可能漏浆的孔洞与缝隙,即可浇筑泡沫混凝土浆料。浆料浇筑宜从下而上,从左(右)至右(左)依次分层连续浇筑,每层浇筑高度不宜大于1.5 m,间隔时间不应小于36 h。浇筑上层时,应用相同的块体材料封堵下层墙体上的注浆孔。

现浇泡沫混凝土浇筑完15 d后,并且各门窗洞口、预埋管线等均已通过验收时,即可进行涂料、瓷砖等外墙饰面施工。

6.1.4　现浇空心砌块自保温墙体

现浇空心砌块自保温墙体是采用空心砌块错位砌筑成墙体,并且砌筑后在墙体内部形成相互贯通的空腔,之后在空腔中现场浇筑泡沫混凝土浆料,待浆料硬化后形成的具有自保温功能的墙体。

作为行业内新出现的一种墙体产品,现浇空心砌块自保温墙体具有砌筑与保温同步施工、施工工艺简便、施工工期短、造价低、防火性能优越、建筑墙体与保温层融为一体、与建筑物同寿命等优点。在应用方面,目前发布的相关标准有国家建筑标准设计图集《砌体填充墙结构构造》(12G614-1)、建筑工业行业标准《自保温混凝土空心砌块》(JG/T 407—2013)、国家标准《建筑构件稳态热传递性质的测定标定和防护热箱法》(GB/T 13475—2008)可以作为该墙体设计、施工、物理性能与传热系数检验的依据。

同时,一些企业对现浇空心砌块自保温墙体的发展前景持乐观态度,积极投入到该墙体的研发当中。如:大连正锐建筑节能股份有限公司率先研发的"空心砌模浇注复合泡沫混凝土自保温墙体(ZR 现浇复合泡沫混凝土自保温墙体系统)"即属于这种墙体,并且该公司也发布了配套的企业标准《ZR 现浇复合泡沫混凝土自保温墙体系统》(Q/DZR 001—2013),用于指导生产施工。如图 6.17、6.18 所示。

图 6.17　空心砌模砌筑　　　　图 6.18　墙体浇筑复合泡沫混凝土

下面以大连正锐建筑节能股份有限公司的"空心砌模浇注复合泡沫混凝土自保温墙体(ZR 现浇复合泡沫混凝土自保温墙体系统)"为例,简要介绍一下现浇空心砌块自保温墙体的材料性能、系统构造与施工方法。

1.材料性能

在行业标准《自保温混凝土空心砌块》(JG/T 407—2013)中对填孔用泡沫混凝土的技术指标见表 6.6。

表6.6 填孔用泡沫混凝土技术指标(JG/T 407—2013)

序号	项目	性能指标
1	干密度/(kg·m⁻³)	≤300
2	导热系数/(W·m⁻¹·K⁻¹)(平均温度25℃)	≤0.08
3	吸水率/%	≤25

而在大连正锐建筑节能股份有限公司的"空心砌模浇注复合泡沫混凝土自保温墙体"中,浇筑浆料采用聚苯颗粒与普通泡沫混凝土复合而成的聚苯颗粒复合泡沫混凝土,各方面性能相比普通泡沫混凝土有较大提高,因此其企业标准《ZR现浇复合泡沫混凝土自保温墙体系统》Q/DZR 001—2013也对复合泡沫混凝土性能提出了更多、更高的要求,见表6.7。

表6.7 复合泡沫混凝土性能指标(Q/DZR 001—2013)

项目		单位	指标
导热系数		W/(m·K)	≤0.06
干密度		kg/m³	≤300
质量含水率		%	≤10
抗压强度	7 d	MPa	≥0.15
	28 d	MPa	≥0.20
黏结拉伸强度		MPa	≥0.08
尺寸稳定性		—	符合设计要求
蒸压渗透系数		ng/(Pa·m·s)	60~70
抗冻性 (15次冻融循环)	质量损失	%	≤5
	强度损失	%	≤25
放射性核素限量(内墙)		—	符合GB 6566规定
燃烧性能		—	A级

2. 系统构造

空心砌模浇筑复合泡沫混凝土自保温墙体与钢筋混凝土柱、梁等构件不脱开时,沿钢筋混凝土柱高每600 mm配置拉接钢筋片,与钢筋混凝土柱、梁等构件脱开时,按图6.19、6.20进行拉筋设计。

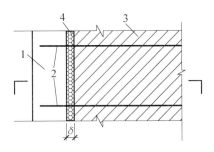

图 6.19 砌块墙体与钢筋混凝土框架柱的缝隙连接构造

1—框架柱;2—2φ6@500拉接钢筋;3—砌体填充墙;4—聚苯乙烯泡沫塑料板

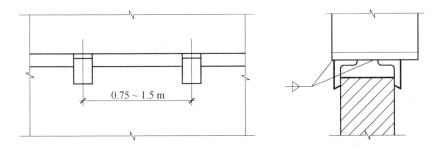

图 6.20 砌块墙体与钢筋混凝土框架梁的金属构件连接构造

结构构件与空心砌模浇筑复合泡沫混凝土自保温墙体连接界面处,采用热镀锌电焊钢丝网或耐碱涂塑玻璃纤维网格布做抗裂增强层,如图6.21所示。

空心砌模浇注复合泡沫混凝土自保温墙体工程中的构造柱和水平系梁等结构性热桥部位外侧,采用如图6.22和图6.23的保温处理措施。

门窗洞口上方设置钢筋混凝土过梁,过梁与框架梁或水平系梁连成一体。预留的门窗洞口采用钢筋混凝土框加强。压顶、过梁、钢筋混凝土框的保温处理设计如图6.24所示。

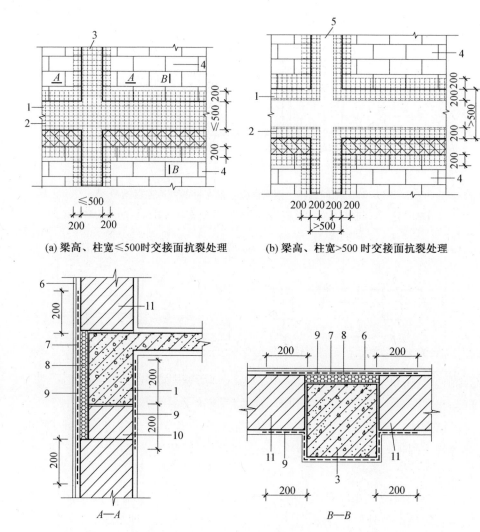

(a) 梁高、柱宽≤500时交接面抗裂处理   (b) 梁高、柱宽>500时交接面抗裂处理

图 6.21　空心砌模浇筑复合泡沫混凝土自保温墙体与梁、柱、墙交接面抗裂加强处理
1—混凝土梁;2—抗裂砂浆增强网加强;3—混凝土柱;4—砌体;5—混凝土柱/墙;6—饰面
层;7—抗裂砂浆;8—冷(热)桥保温材料;9—增强网;10—后斜砌砌块(砖);11—自保温
砌体

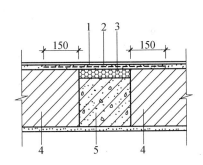

图 6.22　构造柱保温处理

1—抗裂砂浆;2—热镀锌电焊钢丝网;

3—保温材料;4—自保温墙体;5—构造柱;

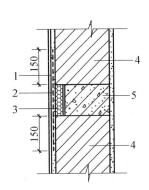

图 6.23　水平系梁保温处理

1—抗裂砂浆;2—热镀锌电焊钢丝网;

3—保温材料;4—自保温墙体;5—混凝土腰梁

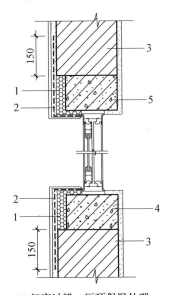

(a) 门窗过梁、压顶保温处理

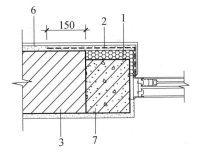

(b) 门窗框竖框保温处理（水平横框同过梁、压顶）

图 6.24　压顶、过梁及钢筋混凝土框的保温处理

1—保温处理材料;2—热镀锌电焊钢丝网;3—自保温墙体;4—门窗压顶;

5—门窗过梁;6—抗裂砂浆;7—门窗竖框

3. 施工工艺

首先根据设计图纸的房屋轴线编绘墙体砌模（砌块）平、立面排列图，计算出施工需要的配套空心砌模（砌块）的规格、数量。砌筑时采用配套砌筑砂浆，水平灰缝、竖向灰缝采用薄抹灰法铺满空心砌模（砌块）接缝面，砌筑灰缝保持平整。砌筑形式为每皮顺砌，上下皮砌块对孔，竖向灰缝相互错开1/2主砌块长度，墙体外立面相对梁、柱外延5 cm。空心砌模（砌块）砌至梁、板底留一定空隙，待ZR复合泡沫混凝土浇筑完毕且砌体收缩稳定后，采用实心砌块逐块斜砌顶紧。

砌筑一次至顶，浇筑在墙体成形后施工，与砌筑不存在交叉作业，浇筑复合泡沫混凝土时，设备出料管采用柔性橡胶管，每次浇注高度不超过1 m，浇筑时墙体内侧设置观察孔，对浇筑高度进行控制，同一面墙两次浇筑时间间隔不小于6 h。浇筑至顶时，浇筑口有浆料溢出时停止浇筑，并且保证浇筑口同一层面浆料的饱满度。

结构性热桥部位采用粘贴保温板系统施工，施工前根据热桥部位尺寸进行排版设计，保温板粘贴采用满粘法，粘贴顺序自下而上沿水平方向横向铺贴，上下相邻两行板缝错缝搭接；阴阳角部位槎口咬合。

上述工序完成后，即可进行墙体抹灰及饰面施工。

6.2 现浇泡沫混凝土楼/地面、屋面保温

采用泡沫混凝土作为楼/地面、屋面保温的绝热层，具有保温效果好、施工简便、速度快、与建筑主体同寿命等优点，因此应用十分普遍。目前我国很多省份都已经出台了泡沫混凝土楼/地面、屋面保温相关的地方标准，如：《发泡浆料楼（地）面、屋面保温技术规程》（DB21/T 1896—2011），《地暖辐射采暖泡沫混凝土绝热层技术规程》（DB21/T 1684—2008），《泡沫混凝土楼地面、屋面保温隔热建筑构造图》（DBJT 20—58）等。

1. 屋面泡沫混凝土保温层构造

泡沫混凝土屋面保温兼找坡施工如图6.25所示。泡沫混凝土平屋面保温层、泡沫混凝土坡屋面保温层构造可按图6.26、6.27设置。

图 6.25 泡沫混凝土屋面保温兼找坡

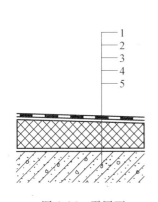

图 6.26 平屋面
1—防水层;2—找平层;
3—发泡浆料保温层
(含找坡);4—隔气层;
5—现浇混凝土屋面

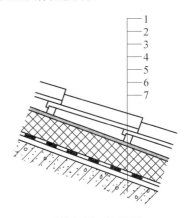

图 6.27 坡屋面
1—瓦屋面;2—挂瓦条、顺水条;
3—隔离层(铝箔);4—发泡浆料
(或块材)保温层;5—防水层;
6—找平层;7—现浇混凝土屋面

2.楼(地)面泡沫混凝土保温层构造

直接与室外空气相邻的楼板必须设保温层,保温层地面构造宜符合图 6.28 的要求。

与土壤相邻的地面或有潮湿气体侵入的地面必须设置保温层,且保温层下部应设置防潮层。保温层及防潮层地面构造宜符合图 6.29 的要求。

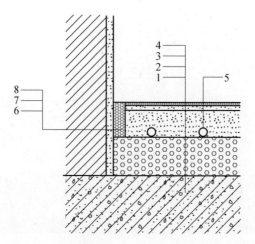

图 6.28　直接与室外空气相邻的楼板构造示意

1—楼板;2—泡沫混凝土保温层;3—填充层;4—装饰层;

5—加热盘管或发热元件;6—分隔缝;7—抹灰层;8—外墙

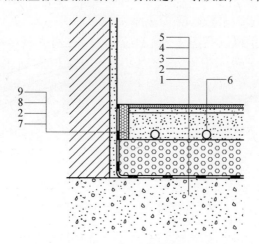

图 6.29　与土壤相邻的地面构造示意

1—与土壤相邻的地面(含找平);2—防潮层;3—泡沫混凝土保温层;

4—填充层;5—装饰层;6—加热盘管或发热元件;

7—分隔缝;8—抹灰层;9—外墙

　　卫生间、洗衣间、浴室和游泳池等潮湿房间地面,应在泡沫混凝土保温层
下部及填充层上部设置隔离层。地面构造宜符合图 6.30 的要求。

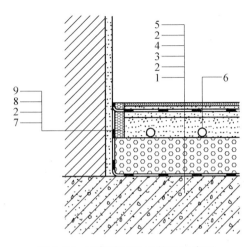

图 6.30 潮湿房间地面构造示意图

1—楼板(含找平层);2—隔离层;3—泡沫混凝土保温层;4—填充层;
5—装饰层;6—加热盘管或发热元件;7—分隔缝;8—抹灰层;9—外墙

3.楼(地)面、屋面泡沫混凝土保温层施工

在施工准备阶段,进入施工现场的材料应符合相关标准规定,水泥及发泡剂应避免潮湿,不得露天存放;发泡剂应避免紫外线照射、注意防冻,使用后剩余部分应密封保存。当结构层或隔离层上有灰时,施工前应采取清除灰尘措施,墙面根部应平直,且无积灰现象。

首先根据泡沫混凝土保温层的厚度、坡向和坡度,在四周墙体上设置标示线,并在楼(地)面、屋面上设灰饼或冲筋以及采取可靠措施保护门框、墙面及排水口的防护装置。

在对设备、输送泵及输送管道进行安全性检查,确认无问题后,可以进行泡沫混凝土浇注施工。

泡沫混凝土浇筑施工的工艺流程应按:制备发泡浆料—安装泵、管—泵送浇筑—施工找平—自然养护的顺序实施。

泡沫混凝土浇筑时,需随时检查浆料的流动性、稳定性、孔隙均匀性,并控制浇筑厚度和表面平整度。泡沫混凝土保温层宜连续浇筑,宜不留或少留施工缝。分隔缝的留置部位与构造应符合设计要求。泡沫混凝土自流平后,及时用刮板刮平。浇筑平整后,用塑料薄膜覆盖,达到一定强度后可洒水养护,并且养护过程中不可振动。

然后进行水泥砂浆填充层或找平层的施工,宜采用泵送浇筑。水泥砂浆初凝前可进行抹平施工,终凝前可进行压光或拉毛处理。

6.3　市政工程回填及垫层

由于泡沫混凝土具有轻质高强的特点,很多市政工程的各种回填及垫层采用泡沫混凝土替代常规土以降低荷重或土压,或进行空洞及狭小空间的填筑应用。

目前,泡沫混凝土在市政工程回填及垫层中主要有以下几个方面的应用:

(1)泡沫混凝土补偿地基。

现代建筑设计与施工越来越重视建筑物在施工过程中的自由沉降。由于建筑物群各部分自重的不同,在施工过程中将产生自由沉降差,在建筑物设计过程中要求在建筑物自重较低的部分其基础须填软材料,作为补偿地基使用。泡沫混凝土能较好地满足补偿地基材料的要求。

(2)用于机场跑道垫层。

泡沫混凝土具有比重轻,比强度高,整体性好,刚度大,尤其具有良好的保温隔热性能,能很好地解决因温差引起道路的病害问题,并且在添加适当成分后,还可具有优良隔水性能。若将合适配比的泡沫混凝土作为机场道面的垫层,能解决地基冻胀、温差引起的道路病害及由透水引起的盐胀问题,因而可从很大程度上解决机场道面由于湿度、温度变化引起的病害问题。

(3)用作挡土墙。

主要用作港口的岩墙。泡沫混凝土在岸墙后用作轻质回填材料可降低垂直荷载,也减少了对岸墙的侧向荷载。这是因为泡沫混凝土是一种黏结性能良好的刚性体,它并不沿周边对岸墙施加侧向压力,沉降降低了,维修费用随之减少,从而节省很多开支。

泡沫混凝土也可用来增进路堤边坡的稳定性,用它取代边坡的部分土壤,由于减轻了质量,从而就降低了影响边坡稳定性的作用力。

(4)管线回填。

地下废弃的油柜、管线(内装粗油、化学品)、污水管及其他空穴容易导致火灾或塌方,采用泡沫混凝土回填可解决这些后患,费用也少。泡沫混凝土采用的密度取决于管子的直径及地下水位,一般为 $600 \sim 1\ 100\ kg/m^3$。

(5)贫混凝土填层。

由于使用可弯曲的软管,泡沫混凝土具有很大的工作性及适应性,因此它经常用于贫混凝土填层。如对隔热性要求不很高,采用密度 $1\ 200\ kg/m^3$ 为左右的贫混凝土填层,平均厚度为 0.05 m;如对隔热性要求很高,则采用密度为 500 kg/m³ 的贫混凝土填层,平均厚度为 0.1~0.2 m。

(6)储罐底脚的支撑。

将泡沫混凝土浇注在钢储罐(内装粗油、化学品)底脚的底部,必要时也可形成一凸形地基,这样可确保整个箱底的支撑在焊接时处于最佳应力状态,这一连续的支撑可使储罐采用薄板箱底,同时凸形地基也易于清洁。泡沫混凝土的使用密度为 800~1 000 kg/m³。

另外,泡沫混凝土也可用于防火墙的绝缘填充、隔声楼面填充、隧道衬管回填,以及公路、矿山、隧道等各种空洞及垫层的填筑。

泡沫混凝土在市政工程的回填及垫层的应用方面,目前有行业标准《气泡混合轻质土填筑工程技术规程》(CJJ/T 177—2012)和中国工程建设协会标准《现浇泡沫轻质土技术规程》(CECS 249—2008)可以作为设计、施工及验收的依据。根据以上标准,下面将泡沫混凝土在填筑应用中的材料性能、工程设计及施工方法等做简要介绍。

1. 材料性能

泡沫混凝土的容重等级按其表干容重进行划分,容重标准值取该容重等级表干容重变化范围的上限值,表干容重和湿容重的变化范围见表 6.8。

表 6.8 泡沫混凝土的容重等级

容重等级	表干容重的变化范围/(kN·m⁻³)	湿容重的变化范围/(kN·m⁻³)	容重等级	表干容重的变化范围/(kN·m⁻³)	湿容重的变化范围/(kN·m⁻³)
A03	2.8~3.7	3.1~4.0	A10	9.8~10.7	10.1~11.0
A04	3.8~4.7	4.1~5.0	A11	10.8~11.7	11.1~12.0
A05	4.8~5.7	5.1~6.0	A12	11.8~12.7	12.1~13.0
A06	5.8~6.7	6.1~7.0	A13	12.8~13.7	13.1~14.0
A07	6.8~7.7	7.1~8.0	A14	13.8~14.7	14.1~15.0
A08	7.8~8.7	8.1~9.0	A15	14.8~15.7	15.1~16.0
A09	8.8~9.7	9.1~10.0	A16	15.8~16.7	16.1~17.0

泡沫混凝土的强度等级按立方体抗压强度平均值进行划分,采用符号 CF 与立方体抗压强度平均值表示,抗压强度平均值和最小值要求见表 6.9。

表 6.9　泡沫混凝土的强度等级

泡沫混凝土强度等级	立方体抗压强度/MPa	
	平均值不小于	最小值不小于
CF0.4	0.40	0.34
CF0.5	0.50	0.42
CF0.6	0.60	0.51
CF0.7	0.70	0.59
CF0.8	0.80	0.68
CF0.9	0.90	0.76
CF1.0	1.00	0.85
CF1.2	1.20	1.02
CF1.5	1.50	1.27
CF2.5	2.50	2.12
CF5.0	5.00	4.25
CF7.5	7.50	6.37
CF10	10.00	8.50

　　用于减少荷重或土压力时,泡沫混凝土湿容重、抗压强度按表 6.10 的规定确定。

表 6.10　用于减轻荷重或土压力的泡沫混凝土性能指标

环境条件		湿容重	抗压强度
地下水位以上	无渗水接触	≥A04	≥CF0.4
	有渗水接触,加防排水设施		
地下水位以下	小于或等于 3 m,加防排水设施	≥A05	≥CF0.6
	小于或等于 3 m,无防排水设施	≥A07	≥CF0.8
	大于 3 m,加防排水设施		

　　用于道路路基填筑时,其抗压强度应按表 6.11 的规定确定。

表 6.11 用于路基的泡沫混凝土强度指标

部位	离路面底面距离 /m	抗压强度/MPa	
		高速路、快速路、一级路、主干路	其他道路
路床	0~0.8	≥0.6	≥0.5
上 路 堤	0.8~1.5	≥0.5	≥0.4
下 路 堤	1.5 以下	≥0.4	

用于空洞填充或注浆及管道回填时,应按工程要求确定气泡混合轻质土的性能指标。当无减少荷重或土压力和强度要求时,可按技术安全、经济合理原则确定气泡混合轻质土的性能指标。

2. 工程设计

设计项目包括泡沫混凝土的性能设计、构造设计和辅助工程设计,设计流程如图 6.31 所示。性能设计见表 6.10、6.11,构造设计主要包括底面宽度、顶面宽度和填筑高度等,见表 6.12。

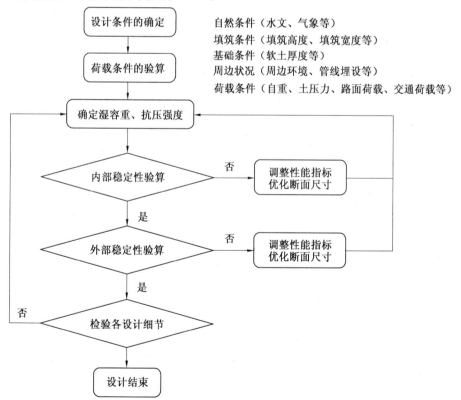

图 6.31 设计流程图

表 6.12　填筑体断面尺寸表

项目内容	范　围	备　注
填筑高度 H	0.5 ~ 15.0 m	空洞填充、管道回填工程除外
底面宽度 B_L	≥2.0 m	
台阶宽度 B_T	≥0.8 m	填筑高度超过 3 m 时设置
富余宽度 B_F	0.3 ~ 0.8 m	
典型填筑断面形式	纵断面图　　　局部填筑横断面图　　　全断面填筑横断面图	

辅助工程设计方面,挡板采用混凝土类挡板、装饰类砌块、轻质砖、空心砖等,在市政道路等有景观要求路段,采用装饰类砌块或对挡板表面进行特殊设计,面板的稳定性要考虑到泡沫混凝土固化前的侧压力。

路面地表排水、路面结构层排水作为专项单独设计;坡面水、地下水、新旧路面结合部下渗水采用渗水盲沟、有孔排水管、透水软管或滤水层等措施排泄。

在填筑体顶部、底部及其他特殊部位设置钢丝网补强,陡坡体、滑坡体等路段填筑泡沫混凝土时,采取锚固等抗滑措施,抗滑锚固件采用镀锌钢筋、镀锌水管,并根据填筑体开挖面的坡度,对既有坡面或陡坡体地面设置台阶。

3. 施工方法

在确定施工方案,编制好施工组织设计文件之后,开始按设计要求开挖基坑,并做好基坑防护措施。挡板基础采用水泥混凝土现浇,挡板按随浇随砌原则砌筑,每次砌筑高度大于泡沫混凝土单层填筑厚度。

泡沫混凝土输送采用直接泵送或配管泵送方式,不宜采用水泥罐车等工具输送。单级配管泵送距离根据配合比及泵送落差确定,其水平泵送距离及垂直泵送高度按表 6.13 的规定执行,泵送距离超过表 6.13 中的规定值时,通过增加中继泵解决。

表 6.13 泡沫混凝土的水平泵送距离与垂直泵送高度

s/c	水平泵送距离/m	垂直泵送高度/m
0	400~500	20~30
1		
2	300~400	10~20
3		
4	100~200	0~10
5		

注:表中 s 代表砂,c 代表水泥。

泡沫混凝土填筑采用分层分块方式,除空洞填充、空洞注浆或管道回填工程外,泡沫混凝土的单层填筑厚度按 0.3~0.8 m 控制,当下填筑层终凝后再进行上填筑层填筑。

填筑时,泵送管出口填筑面保持水平。图 6.32 列出了施工中可能出现的三种填筑方式。其中,方式 A 为正确方式,方式 B 和方式 C 为不正确方式,施工时应避免。在地下水位以下填筑时,在填筑区域范围内设置临时降水措施,直到满足抗浮要求时再撤除。

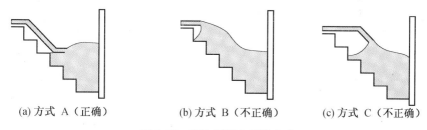

(a) 方式 A(正确)　　　　(b) 方式 B(不正确)　　　　(c) 方式 C(不正确)

图 6.32　泡沫混凝土填筑方式

除空洞填充、空洞注浆或管线回填工程外,填筑完泡沫混凝土填筑体的顶层时,对填筑体顶层表面覆盖塑料薄膜或土工布,养生时间不少于 3 d。在没有采取有效措施情况下,当室外日均气温连续 5 d 低于 5 ℃,或环境温度超过 35 ℃时,不宜进行泡沫混凝土填筑施工。

附　　录

附录1　泡沫混凝土研究经历

1995 年,沈阳飞机制造公司路通地板厂提出发泡剂国产化的问题。

2000 年研制的产品《泡沫混凝土发泡剂》通过辽宁省科学技术委员会鉴定获得省级成果。

《混凝土》2000 年第 7 期发表了"混凝土发泡剂功能的探讨"。

《混凝土》2001 年第 1 期发表了"泡沫混凝土泡沫发生器的研制"。

《低温建筑技术》2001 年第 4 期发表了"国内外混凝土发泡剂及发泡技术分析"。

2007 年《现场发泡浆体复合保温材料》通过沈阳市科学技术委员会鉴定获得市级成果。

2007 年山西建筑,复合型膨胀珍珠岩绝热制品的研制。

2007 年沈阳建筑大学学报,发表了《建筑夹心墙复合保温浆料的试验研究》,本文获得 2008 年辽宁省自然科学学术成果二等奖。

2008 年,发泡浆料建筑保温技术规定 syjg2008－120081101 实施。

2009 年指导研究生完成了《预拌泵送保温砂浆的研究》《轻质条板夹芯保温填充墙的研究与应用》学位论文。

2009 年《辽宁建材》轻质条板夹芯保温填充墙的实验研究。

《混凝土结构砌体填充墙技术规程》DB21T1779—2009。

2010 年沈阳建筑大学学报发表了《新型保温砂浆性能的实验研究》。

《保水剂对泵送保温砂浆早期性能的影响》《保温砂浆泵送工艺的实验研究》学术论文已收入待发表。

2009 年,合作项目《发泡浆料建筑保温技术研究与应用》获辽宁省科学技术进步二等奖。

2010 年指导研究生完成了复合泡沫混凝土应用技术的研究。

①张巨松,黄灵玺.聚苯颗粒掺量对超轻复合泡沫混凝土性能的影响.沈阳建筑大学学报:自然科学版(已录用,待发表)。

②张巨松,黄灵玺.纤维增强复合泡沫混凝土的试验研究(待发表)。

③张巨松,黄灵玺.复合泡沫混凝土吸水性能的试验研究(待发表)。

近几年主持或合作完成的标准规程:

《建筑外保温防火隔离带技术规范》(DB 2101/T J06—2011)

《复合发泡水泥板隔墙系统应用技术规程》(丹 JG/T 0001—2011)

《复合发泡水泥板屋面保温隔热系统应用技术规程》(丹 JG/T 0002—2011)

《发泡浆料楼(地)面、屋面保温技术规程》(DB21/T1 896—2011/J 12016—2012)

《装配式夹芯隔墙板技术规程》(DB 2101/TJ 08—2012)

《现浇发泡浆料外保温夹心墙技术规程》(DB 21/T 1991—2012/J 12140—2012)

《建筑外保温防火隔离带技术规程》(DB 21/T 2124—2013/J 12421—2013)

《泡沫混凝土板隔墙系统技术规程》(DB 21/T 2353—2014/J 12781)

《复合发泡水泥外填充墙系统应用技术规程》(丹 JG/T 0001—2014)

附录2 泡沫混凝土领域常用技术标准(规范)

标准(规范)名称	代号、编号
泡沫混凝土原材料	
水泥、石灰	
水泥的命名,定义和术语	GB/T 4131—97
硅酸盐水泥熟料	GB/T 21372—2008
通用硅酸盐水泥	GB 175—2007
快硬硅酸盐水泥	GB 199—1990
钢渣硅酸盐水泥	GB 13590—2006
低热微膨胀水泥	GB 2938—2008
铝酸盐水泥	GB 201—2000
快硬硫铝酸盐水泥	GB 20472—2006
硅酸盐建筑制品用生石灰	JCT 621—2009
水泥组分的定量测定	GB/T 12960—2007
水泥胶砂强度检验方法(ISO法)	GB/T 17671—1999
水泥细度检验方法(筛析法)	GB/T 1345—2005
水泥比表面积测定方法(勃氏法)	GB/T 8074—2008
水泥胶砂流动度测定方法	GB/T 2419—2005
水泥标准稠度用水量、凝结时间、安定性检验方法	GB/T 1346—2001
水泥水化热测定方法	GB/T 12959—2008
骨(集)料、水、纤维	
建筑用砂	GB/T 14684—2001
膨胀珍珠岩	JC/T 209—2012
硅酸盐建筑制品用砂	JC/T 622—1996

续表

标准(规范)名称	代号、编号
混凝土用水标准	JGJ 63—2006
耐碱玻璃纤维网格布	JC/T 841—1999
水泥混凝土和砂浆用合成纤维	GB/T 21120—2007
外加剂、矿物掺和料	
混凝土外加剂定义、分类、命名与术语	GB/T 8075—2005
混凝土外加剂	GB 8076—2008
混凝土外加剂匀质性试验方法	GB/T 8077—2000
混凝土外加剂应用技术规范	GB 50119—2003
混凝土膨胀剂	GB 23439—2009
混凝土泵送剂	JC 473—2001
砂浆、混凝土防水剂	JC 474—2008
聚羧酸系高性能减水剂	JGT 223—2007
混凝土外加剂中释放氨的限量	GB 18588—2001
高强高性能混凝土用矿物外加剂	GB/T 18736—2002
用于水泥和混凝土中的粉煤灰	GB/T 1596—2005
粉煤灰在混凝土和砂浆中应用技术规程	JGJ 28—86
用于水泥和混凝土中的粒化高炉矿渣粉	GB/T 18046—2008
混凝土和砂浆用天然沸石粉	JGT 3048—1998
硅酸盐建筑制品用粉煤灰	JCT 409—2001
建筑材料放射性核素限量	GB 6566—2001
泡沫混凝土	
泡沫混凝土	JG/T 266—2011
泡沫混凝土砌块	JC/T 1062—2007
蒸压泡沫混凝土砖和砌块	GB/T 29062—2012
屋面保温隔热用泡沫混凝土	JC/T 2125—2012
泡沫混凝土用泡沫剂	JC/T 2199—2013

续表

标准(规范)名称	代号、编号
地面辐射供暖技术规程	JGJ 142—2004
建筑外墙外保温防火隔离带技术规程	JGJ 289—2012
自保温混凝土复合砌块	JG/T 407—2013
现浇泡沫轻质土技术规程	CECS 249:2008
发泡水泥绝热层与水泥砂浆填充层地面辐射供暖工程技术规程	CECS 262:2009
气泡混合轻质土填筑工程技术规程	CJJ/T 177—2012

参考文献

［1］蔡娜.超轻泡沫混凝土保温材料的试验研究［D］.重庆:重庆大学材料科学与工程学院,2009.

［2］闫振甲,何艳君.泡沫混凝土实用生产技术［M］.北京:化学工业出版社,2006.

［3］李晓华,康国云.泡沫混凝土的特性及其应用［J］.民营科技,2010,5:278.

［4］扈士凯,李应权.国外泡沫混凝土工程应用进展［J］.中国混凝土,2010,04:48-50.

［5］张福占.发泡混凝土的特点及应用［J］.科技信息,2008,23:145.

［6］袁润章.胶凝材料学［M］.武汉:武汉理工大学出版社,1996.

［7］朋改非.土木工程材料［M］.天津:华中科技大学出版社建筑分社,2008.

［8］郭永辉.延缓硫铝酸盐水泥凝结时间的研究［D］.唐山:河北理工学院土木建筑工程系,2001.

［9］陈娟.硫铝酸盐水泥的性能调整与应用研究［D］.武汉:武汉大学土木建筑工程学院,2005.

［10］严捍东,钱晓倩.新型建筑材料［M］.北京:中国建材工业出版社,2005.

［11］赵铁军,高倩.大掺量粉煤灰对泡沫混凝土抗压强度的影响［J］.粉煤灰,2002,6:7-10.

［12］肖立光,王晓彪.大掺量粉煤灰泡沫混凝土砌块的研究［J］.吉林建筑工程学院学报,2002,2:1-6.

［13］赵伟,朱琦.粉煤灰–水泥基泡沫混凝土性能的试验研究［J］.四川建材,2010,4:28-29.

［14］扈士凯,李应权.矿物掺和料对泡沫混凝土基本性能的影响［J］.新型墙材,2009,11:27-29.

［15］乔欢欢,卢忠远.掺合料粉体种类对泡沫混凝土性能的影响［J］.中国粉

体技术,2008,6:38-41.

[16] 王文霞,王建平.粉煤灰泡沫水泥抗压强度影响因素的研究[J].混凝土,2010,12:78-81.

[17] 熊传胜,王伟.以钢渣和粉煤灰为掺合料的水泥基泡沫混凝土的研制[J].江苏建材,2009,3:23-25.

[18] 唐明,邱晴.现代混凝土外加剂及掺合料[M].沈阳:东北大学出版社,1999.

[19] 徐文,钱冠龙.用化学方法制备泡沫混凝土的试验研究[J].混凝土与水泥制品,2011(12):1-4.

[20] 黄灵玺.复合泡沫混凝土应用技术的研究[D].沈阳:沈阳建筑大学材料科学与工程学院,2013.

[21] 李青,李玉平.掺加稳泡剂HPMC对泡沫混凝土性能的影响[J].墙材革新与建筑节能,2008,9:33-35.

[22] 李书进,厉见芬.粉煤灰泡沫混凝土稳定改性及力学性能研究[J].建筑节能,2011,4:53-56.

[23] 张艳锋.聚丙烯纤维增强粉煤灰泡沫混凝土的工艺研究[D].西安:长安大学材料科学与工程学院,2007.

[24] 张伟.聚丙烯纤维高强混凝土的力学性能试验研究[D].太原:太原理工大学材料科学与工程学院,2010.

[25] 宋斌,龚健.纤维和粉煤灰对水泥基泡沫混凝土性能的影响研究[J].河南理工大学学报(自然科学版),2010,3:402-405.

[26] 马一平,李国友.表观密度和聚丙烯纤维对泡沫混凝土收缩开裂的影响[J].材料导报,2012,3:121-125.

[27] 曾爱平.耐碱玻璃纤维性能的实验研究[D].南昌:南昌大学材料科学与工程学院,2006.

[28] 林兴胜.纤维增强泡沫混凝土的研制与性能[D].合肥:合肥工业大学材料科学与工程学院,2007.

[29] 王海波.聚乙烯醇纤维(维纶)增强砂浆性能的研究[D].北京:北京工业大学材料科学与工程学院,2003.

[30] 邓均,霍冀川.聚乙烯醇纤维泡沫混凝土的性能试验[J].混凝土与水泥制品,2012,2:41-44.

[31] 盖广清,张海波.掺粉煤灰的陶粒泡沫混凝土承重保温砌块研究[J].建筑砌块与砌块建筑,2007,1:17-18.

[32] 侯东君,严捍东.超轻陶粒种类和掺量对泡沫混凝土性能影响的试验研究[J].福建建设科技,2012,4:46-48.

[33] 冯乃谦,李章建.超轻憎水混凝土的研发与应用[J].混凝土与水泥制品,2011,4:1-5.

[34] 鹿健良,孙晶晶.陶粒泡沫混凝土配合比试验研究[J].混凝土与水泥制品,2012,9:60-62.

[35] 杨奉源,卢忠远.超轻EPS复合泡沫混凝土性能研究[J].混凝土与水泥制品,2012,5(5):9-12.

[36] 腾新荣.表面物理化学[M].北京:化学工业出版社,2009.

[37] 马保国,刘军.建筑功能材料[M].武汉:武汉理工大学出版社,2004.

[38] 朱洪波.高效、高耐久性吸声材料的研究[D].武汉:武汉理工大学材料科学与工程学院,2003.

[39] 王武祥.泡沫混凝土绝干密度与抗压强度的相关性研究[J].混凝土世界,2010(12):50-53.

[40] 文梓云,钱春香,杨长辉.混凝土工程与技术[M].武汉:武汉理工大学出版社,2004.

[41] 黄伟,林振荣.水泥基胶凝材料早期自收缩的研究进展[J].科技风,2008(9):15.

[42] 张国永,陈永攀.泡沫混凝土干燥收缩性能改性研究[J].新型建筑材料,2013(4):72-74.

[43] 康志坚.水泥石的干燥收缩及其微观机理研究[D].重庆:重庆大学材料科学与工程学院,2007.

[44] 陈惠霞.泡沫混凝土强度的影响因素及质量控制[J].山西建筑,2009(32):163.

[45] 李应权,朱立德.泡沫混凝土配合比的设计[J].徐州工程学院学报(自然科学版),2011(2):1-5.

[46] 吴忠华.机场跑道垫层的气泡轻质混合土导热性能试验与分析[D].南京:南京航空航天大学材料科学与技术学院,2011.